囲炉裏と薪火暮らしの本

絵と文
大内正伸

農文協

はじめに——焚き火から囲炉裏への回想録

焚き火と料理の思い出

経験がある人なら誰しも珠玉の「焚き火」の思い出があるのではないだろうか。火とは不思議なもので、そのときの情景や匂いまでもが鮮やかに蘇る。私にとってもっとも印象深いのは、高校１年のとき友人たちと出かけた、東北のイワナ釣りキャンプ旅の思い出だ。

「手分けしてたきぎを集め、私たちは夕方から焚き火をはじめた。河原の石を組み、Ｙ字形の木を両側に立て、そこに枝を渡すという、スタンダードなカマドを作った。そして飯盒で米を炊いた。すべてが初めての体験だったが、知識は本などから仕入れていたのだ。とにかくすばらしくうまく炊けてしまったのだった。おそるおそる飯盒の蓋を開けると、米はふっくらと炊けて輝いており、米と薪の匂いが渾然となって立ち昇ってきた。私たちはボンカレーとか、さんまの蒲焼缶なんかで、それを感動しつつたいらげたのである」（拙著『北アルプスのダルマ～ 1987 夏・北アルプス縦走記』挿入の回想録／ wook 電子版 2012）

私の生まれは茨城県の水戸市で、実家は町中のクリーニング屋だった。父が狩猟を趣味としていたので狭い家だというのにいつも犬を飼っていた。手伝いの職人さんに屋久島出身のＭさんという人がいて、アウトドア遊びの達人であった。私は幼少の頃から父の狩猟やそのトレーニングを兼ねた犬を連れた山歩きを共にし、同行したＭさんのナイフの使い方や火の扱いなどの手腕を観察していた。一方、母方の実家は水戸の下町にある古い木造の家で、手漕ぎの井戸や薪の火、ランプのある風呂、火鉢などのある暮らしを幼少の頃に体験することができた（これらは高度成長時代、あっという間に消滅した）。そしてあの頃の知識本といえば、西丸震哉『野外ハンドブック』（光文社 1972）と『冒険手帳』谷口尚規著・石川球太画（主婦と生活社 1972）であった。そんな醸成を経て、焚き火の好きな高校生——15 歳の私がいた。

北海道知床の忠類川でアメマスを釣り、焚き火で焼いて食べた思い出を描く。（「河原の野営」1984）

1987 年、初めての北アルプスをキャンプと自然食で縦走する試み。100 ページ超の手書き旅行記『北アルプスのダルマ』のカットから

焚き火受難の時代へ

昆虫採集や釣り、そして登山と様々なアウトドア遊びの中で、中・高校時代に茨城県北の山でチョウを追い求めた体験も、私の核をなしているものだ。森林性のシジミチョウ＝「ゼフィルス」に魅せられ、県北の阿武隈山地の南端にある花園山によく出かけた。当時、小さな湿原のほとりに水戸の野草愛好家の建てた山小屋があり、ここをベースにチョウを採り、中で焚き火を楽しんだ。

大学時代は福島県郡山市に４年間滞在し、イワナ釣りに明け暮れた。「釣り同好会」に入って東北の山岳渓流を巡り、北海道にも２度釣りに行った。当時は山に入ればたいてい未舗装《ダート》で、今様な高性能な４輪駆動車があるわけではなく、それゆえ奥地に行けば美しい野生の溪魚が釣れた。その獲物を河原の流木で焼いて食べたのである。思えば自由な焚き火が許される最後の時代であった。

上京して就職。週末に東京近郊の釣り場に行ってみると釣り人がやたらと多く、養殖の放流魚しかいない。そんな釣り環境にすっかり嫌気がさして山登りを始めた。ところが山はすでに自然保護の管理下にあり、焚き火は禁止されていたのであった。マナーを守った小さな焚き火は決して自然を傷めるものではないが、そのような人たちばかりではないので、焚き火禁止は当然の時代の流れであった。やがてダイオキシ

高校時代、チョウの採集で泊まり、焚き火をした花園山の山小屋（写真は 1994 年取材時）

『Outdoor』誌のバックパッキング特集に描いたイラスト。自らモデルになり花園山を釣り旅する構成で、焚き火の写真も掲載（1996）

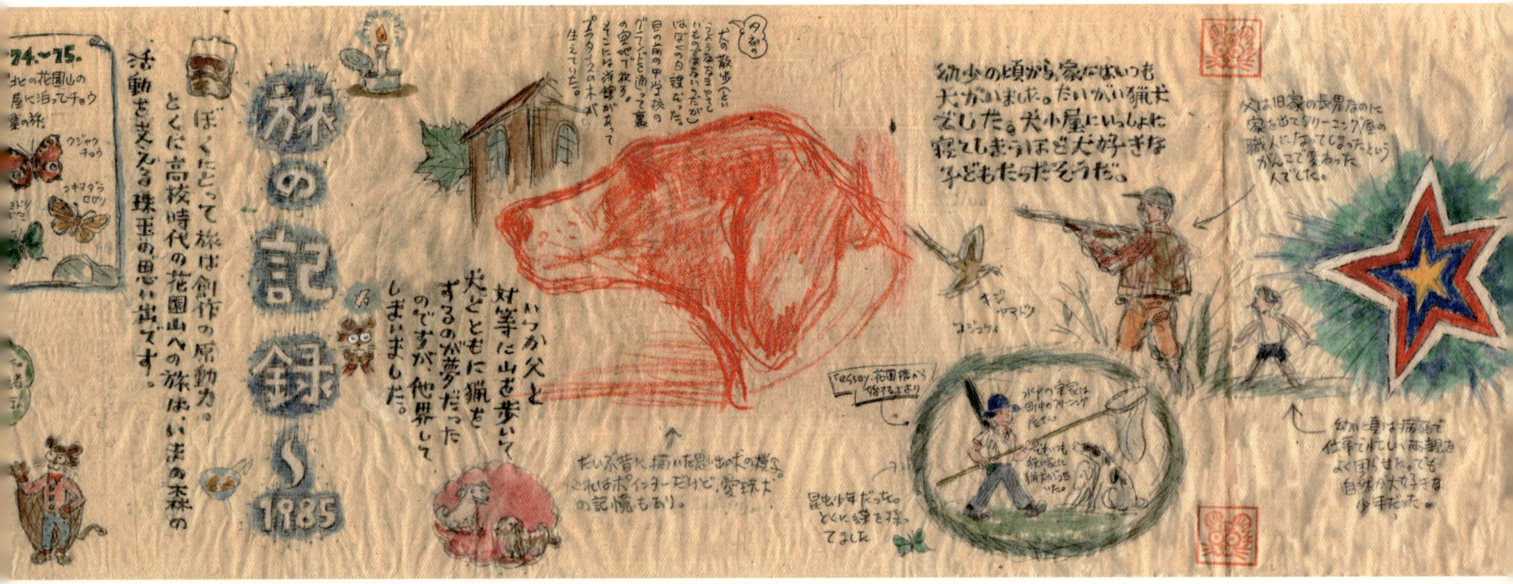

父と猟犬の思い出（長さ 470cm の巻紙に描いた自叙伝「新・間伐縁起絵巻」2003 部分）

ン問題などから野焼きが禁止になり、炎そのものが暮らしから消えていった。

私はサラリーマン生活を２年３ヶ月で辞め、八ヶ岳の山小屋で秋までアルバイトをした後、東京のアパートに戻って様々なアルバイトをこなしながら絵の仕事に近づいていった。趣味的には登山（というよりもテントを担いだ山岳放浪）を続けていたが、先の作品『北アルプスのダルマ』の結実を期に（電子出版は後だが 1995 年頃に版下は完成していた）、様々なアウトドア遊びから離れて森林ボランティアから林業の探求に向かうのである。

郊外の小さな庭で

絵の仕事がなんとか軌道に乗り、結婚もし、私がちょうど 40 歳のときに、東京西多摩の森の玄関口である日の出町に、中古の建て売り住宅を購入して住み始めた。山に囲まれてはいたが、新興住宅地の一角という微妙な位置の、そのささやかな庭で焚き火は再開された。

私のイラストの仕事場は自宅兼用なので居職であるから、娘たちともよく遊んだ。平井川が近かったので春は土手にノカンゾウを摘み、夏は水遊びをし、秋にはクルミやギンナンを拾いに行った。学校の休日には仕事を休んで娘たちや友人の相手をすることも多かった。庭の焚き火台はなかなかの傑作である。あるとき娘が河原で見付けてきたアルマイトの鍋に、釘で空気穴を空けて、それをコンクリート試共体（※）３個の上にのせて、その中で火を燃やすのだ。これだと庭も汚れないし、高さも火の規模も、子供たちと庭先で気軽にやるのにちょうどいい。後片付けも簡単で安全だ。

娘たちにもどんどん火の扱いを手伝わせた。紙屑や段ボールから始まって、小さな薪を燃やす。薪は河原で拾ったり、山に入ったとき間伐材や枝をもらってストックしてある。これで気が向いたとき、庭先で彫刻やクラフトもする。すると子供たちの工作大会が自然に始まる。河原で拾っては食べ続けるオニグルミの殻も、このときのために捨てずに取ってある。クルミの殻は油があってよく燃える。そして、ほどよく熾火になったところで網をのせ、ギンナンを焼きにかかる。

薪や炭で焼いた採れたてのギンナンはすばらしく美味し

※**コンクリート試供体**……建設業者がコンクリートの強度を調べるためのテストピース（使用後のものはタダで入手できる）

八ヶ岳の山小屋でアルバイトの思い出を描く。すでに焚き火は厳禁、小屋ではプロパンガスと灯油の発電機を動かしていた（「山小屋への旅」1985）

鍋の焚き火台
釘で空気穴を空ける
三つ足の上にのせる
いらなくなった鍋
コンクリート試供体
河原で拾ったオニグルミを食べたら、殻は捨てないで焚き火の燃料へい。ご飯も薪で焚くと美味しいのは、熱の「質」がちがうからだ。庭先のささやかな炎を見つめながら、私は最初のキャンプの焚き火を懐かしく思い出したものだ。

山で囲炉裏に開眼する

さて、2004年さらに本格的な山暮らしをするべく、新たなパートナーと共に群馬の山村に移住した。『山で暮らす　愉しみと基本の技術』（農文協 2009）に書いたとおり、築100年の古民家を借り、そこではガスや電気コンロは持たず、ほとんどの調理を薪火で行なった。１年目は簡易カマドとカマド・ストーブを使って調理・暖房としたが、２年目に囲炉裏を再生した。囲炉裏はいま懐古趣味の遊び道具という感があるが、私たちは生活の実用道具として、暮らしの核として、炎を立てた囲炉裏を使ってみたのである。

その結果、囲炉裏は工夫次第で、ありとあらゆる調理ができることを知った。また、囲炉裏のおかげで薪の使用量が激減し、敷地周囲の樹木の剪定枝さえ薪になりうることが嬉しかった。考えてみれば、農家の屋敷林というのは囲炉裏やカマドのための薪の供給地という側面も持っていたのである。その他にも家を乾かし、燻すことで虫を避け、木灰のアルカリは防カビ・防菌効果もある。暖かさの質にも考えさせられた。囲炉裏の直火の炎は身体が芯から温まる……ということも、やってみなければ決して理解できないことだった。

昨今の高気密高断熱＋新建材＋24時間換気＋オール電化＋化学物質による除虫・防カビ・菌という暮らしの対極にあるものが、囲炉裏一つで解決されてしまうことに、私たちは快哉を叫んだものだ。次に目指したのは、この薪と火の暮らしを、より町に近い場所でできないか？　ということだった。

里の薪火暮らしにて

『山で暮らす　愉しみと基本の技術』の出版と同時に山を下りて、同じ群馬県下の桐生という小都市の里地に、古い木造民家を借りて暮らし始めた。ここでは台所を改装して囲炉裏を新設した。その際、自ら伐採した間伐材の半割りから厚板をつくり、床板に使ってみた。壊れた電動ポンプの井戸を手こぎに変えて再生し、裏庭と囲炉裏部屋と行き来できる土間通路をつくって、外カマドと囲炉裏の暮らしを実践した。

ここでは様々な協力者が現れ、薪ストーブを使っている地

『現代農業』誌に連載された「山暮らし再生プロジェクト」のイラストより（2005）

山暮らしで再生した囲炉裏。杵搗き餅を焼き、お雑煮をつくる2009年元日、群馬県藤岡「神流アトリエ」で

元のおじいさんが囲炉裏の薪を手配してくれたり、鉄工所の職人さんが手づくり火箸をプレゼントしてくれたりした。山から下ろした薪ストーブも設置し直し、ロケットストーブもつくって使ってみた。私たちは町暮らしの友人たちと交流し、講演会やライブを展開し、情報を発信していった。

この里地での暮らしで私たちは子供たちと接点を持った。紙芝居ライブを行ない、森の素材でクラフトをする指導をし、火を焚かせてみたこともある。オール電化の家に住んでいるという女の子は、私たちがカマドを持ち込んだそのイベントで、「初めて本物の炎を見た」と言った。火吹き竹で炎が上がるところを見せると、子供たちは大いなる興味を示し、火吹き竹は奪い合いとなり、自分で竹を加工してつくり始める子供まで現われたのである。

旧アトリエの囲炉裏はすでにあったものを再生したが、桐生ではゼロからつくった。炉縁《ろぶち》はクヌギ、床はスギの厚板、どちらも自分たちで山から伐り出し、加工した材だ。ここで火を灯すとき、私たちはどちらともなく

「豊かだねぇ……」

「ほんとに……なんて豊かなんだろう」

と、つぶやいている。

いま、本当の囲炉裏の火を実生活に使っている人は日本に何人いるんだろう？　タダ同然でこんなことが楽しめるというのに、ここは森の国なのに、どうして？　日本中の人たちが皆、魔法にかかっているのではあるまいか。

＊

この本は私の経験から薪火（※）のノウハウを解説し、とくに囲炉裏のつくり方・使い方、暮らしの中の薪火料理を詳述するものである。また、炭を使う火鉢、七輪《しちりん》、行火《あんか》。現代の暮らしにも役立つカマド、ロケットストーブ等の構造や使い方にも触れ、それらをうまく組み合わせて使うことで、合理的な、エネルギーコストの低い暮らしができることを伝えたい。

生きる環境をさらに深く考えねばならなくなったいま、自然に寄り添い健全に暮らそうと希求する人に、子供たちへの未来を模索する人に、この本はきっと役に立つはずである。

※薪火……まきび、は筆者の造語。焚き火＋炭火を包含した意

「ちびカマ君」（鋳物カマド）にとりこになる子供たち。栃木県足利 2010、ツリーハウスのイベントにて

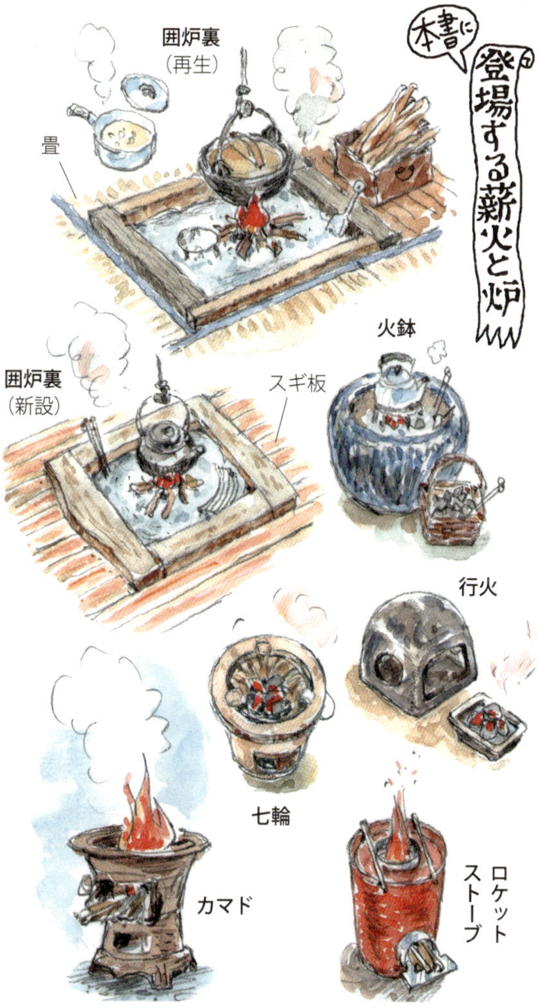

神流アトリエの囲炉裏 2008.1.22

火を焚きなさい　　山尾三省

山に夕闇がせまる
子供達よ
ほら　もう夜が背中まできている
火を焚きなさい
お前達の心残りの遊びをやめて
大昔の心にかえり
火を焚きなさい
風呂場には　充分な薪が用意してある
よく乾いたもの　少しは湿り気のあるもの
太いもの　細いもの
よく選んで　上手に火を焚きなさい

少しくらい煙たくたって仕方ない
がまんして　しっかり火を燃やしなさい
やがて調子が出てくると
ほら　お前達の今の心のようなオレンジ色の炎が
いっしんに燃え立つだろう
そうしたら　じっとその火を見詰めなさい
いつのまにか ——
背後から　夜がお前をすっぽりつつんでいる
夜がすっぽりとお前をつつんだ時こそ
不思議の時
火が　永遠の物語を始める時なのだ

それは
眠る前に母さんが読んでくれた本の中の物語じゃなく
父さんの自慢話のようじゃなく
テレビで見れるものでもない
お前達自身が　お前達自身の裸の眼と耳と心で聴く
お前達自身の　不思議の物語なのだよ
注意深く　ていねいに
火を焚きなさい
火がいっしんに燃え立つように
けれどもあまりぼうぼう燃えないように
静かな気持で　火を焚きなさい

人間は
火を焚く動物だった
だから　火を焚くことができれば　それでもう人間なんだ
火を焚きなさい
人間の原初の火を焚きなさい
やがてお前達が大きくなって　虚栄の市へと出かけて行き
必要なものと　必要でないものの見分けがつかなくなり
自分の価値を見失ってしまった時
きっとお前達は　思い出すだろう
すっぽりと夜につつまれて
オレンジ色の神秘の炎を見詰めた日々のことを

山に夕闇がせまる
子供達よ
もう夜が背中まできている
この日はもう充分に遊んだ
遊びをやめて　お前達の火にとりかかりなさい
小屋には薪が充分に用意してある
火を焚きなさい
よく乾いたもの　少し湿り気のあるもの
太いもの　細いもの
よく選んで　上手に組み立て
火を焚きなさい
火がいっしんに燃え立つようになったら
そのオレンジ色の炎の奥の
金色の神殿から聴こえてくる
お前達自身の　昔と今と未来の不思議の物語に　耳を傾けなさい

「びろう葉帽子の下で／山尾三省詩集」（野草社 1993）

山尾三省（やまお・さんせい）……詩人 1938 年生まれ。日本のエコロジカルな社会変革を目指した先達。1977 年、屋久島に定住。畑を耕し海を糧としながら詩作を続けた。2001 年死去

もくじ

3章　囲炉裏の道具たち

4章　囲炉裏を使う

5章　山暮らしの薪火料理

6章　炭を使う――火鉢・七輪《しちりん》・行火《あんか》

7章　カマドとロケットストーブ

●イラスト／大内正伸
●写真／大内正伸、川本百合子
● DTP レイアウト／ Tortoise ＋ Lotus studio

1章

楽しく新しい、囲炉裏の暮らし

現代の囲炉裏といえば
炭火を使う趣味的なものになっている。
昔ながらの炎を立てる生活の道具
としての囲炉裏はムリなのだろうか？
いや決してそんなことはない。
大きな可能性を秘めた
新・薪火のオルタナティブな
暮らしの楽しさ、
新しい魅力をお見せしよう。

1 火のある暮らしのすばらしさ

飽きない火

2004年から開始した山暮らしの中で、私たちは毎日思う存分、薪の火を焚いた。朝起きると、天気がよければ庭で「ちびカマ君」（小さな鋳物のカマド、134ページ参照）に火を入れ、緑の景色を堪能しながらお茶や朝食兼昼食を始める。雨の日や寒い季節には朝から囲炉裏を囲み、山水で日本茶をいれる。昼の執筆仕事のとき、寒い季節には囲炉裏の炎に仕込んでおいた豆炭を行火《あんか》（※）に移し、こたつの熱源とする。火鉢を併用することもある。火がある暮らしは時間がゆったりと流れ、癒される。季節の空気が、匂いが感じられる。私たちはガスコンロを設置せず、毎日薪の火を用いたが、飽きるということがなかった。

※**行火**……土素材でできた移動できる火炉。中に炭鉢を入れ、こたつの熱源とする。詳しくは130ページ

配線・配管からの開放

にわかに始めた山暮らし・古民家暮らしの中で、燃やすということは掃除にも繋がる。散乱していた小枝や廃材がどんどん片付いていくからだ。

また、カマドや囲炉裏、薪ストーブ、薪風呂釜、石窯と、すべての薪火に共通するのはそれらの装置に配管や配線がないことである（当たり前だが）。近代のガスや電気などの熱源装置は、基本的にその原料を送る配管や配線が必要となるが、薪火装置ではそれが必要ない。だから周囲がすっきりしている（掃除もしやすい）。シンプルなのである。

燃料はタダ、そして循環する

そして熱源の薪は、労働を厭わなければタダで手に入る。薪は基本的に周囲の木々（自然）から労働で得るものであり、金銭は介在しない。しかし自然から得るためには観察眼や知識が必要となり、おのずと土地や植物との濃密な付き合いが求められ、その感覚が養われる。また、畑があれば木灰は肥料にすることができるので、山林と暮らしと畑とが循環していく。これがなんとも嬉しく、自然とそれに寄り添う暮らしを愛する人なら、そのことだけで幸福な気分になれる。

カマドストーブは焚き口を開けたまま暖炉のような使い方で、大量の薪が必要だった。天板で料理中

山暮らしの初冬は鋳物カマドを薪ストーブに再生した（蔵に眠っていた廃品で、薪をたくさん食らうので「マッキー君」と命名）
天板はドラム缶のふた

初年度に見舞われた大雪。しかし雪は木々の枯れた枝・弱い枝を折って地上に落とし、たくさんの薪をもたらしてくれる

2 薪の量は囲炉裏で激減！

日常の手入れが薪づくりに

囲炉裏を始めてまず何に驚いたかというと、薪ストーブに比べて薪の消費量が極端に減ったことだった（私たちの山暮らし１年目は鋳物カマドを薪ストーブ代わりにしていた）。枯れ枝や庭木の剪定枝も囲炉裏では便利な燃料なのだ。薪ストーブだと、一冬の薪づくりのためにやっきになって伐採や薪割りをしなければならないが、囲炉裏の場合は周囲の環境の手入れ、すなわち日常の作業が薪づくりになる。

山は囲炉裏の薪でいっぱい！

山に住んでいるなら、囲炉裏の薪はいま簡単に手に入る。過疎化した山村では、周囲の山は手入れが放置され、木々が密集・大木化しているところが少なくない。自然保護といえばすぐ「植林」をイメージしがちだが、現代日本では植えようにも植える場所が見当たらないほど、山には木々が生い繁っている。むしろ上手に伐る（間伐）ことで逆に山を蘇生させる時代に入っている。

しかも、地面には枯れ枝がたくさん落ちている。森の木は放置されると互いの枝葉がぶつかるので、下のほうの枝は光が当たらなくなる。それで地面に近い枝からどんどん枯れていく。そして風が吹いたときに折れて地面に落ちるのだ。

乾燥の手間がいらない枯れ枝

生木を間伐した丸太は、玉切り（必要な長さに裁断すること）した後、オノやナタで割ってから時間をかけて木に含まれる水分を蒸発させ、乾かさねばならない（最低でも半年以上の乾燥期間が必要）。ところが、地面に落ちている枯れた枝はすでに水分が抜けているので軽く運びやすく、すぐに薪として使える。地面の水分を吸って、あるいは雨に打たれて多少濡れた枯れ枝もあるが、それは天日に晒しておけばすぐに（細いものは２～３日）で乾く。

庭木（屋敷林・防風林）の枝切りで囲炉裏やカマドの薪が得られる。敷地を整える作業が薪づくりになる

生木の枝はノコで簡単に切れるが、時間をかけて乾燥する必要がある

今日、スギ・ヒノキ人工林の間伐・集材跡地には大量の薪材が捨てられており、囲炉裏薪に使いやすいスギ枝は簡単に拾うことができる。枯れ枝なら乾燥の手間も省ける

3 丸く火を囲むということ

薪採りは子供の仕事だった

昔は子供たちが囲炉裏やカマドの薪を採りに行った。山村では学校から戻ったら背負子を渡されて山へ枯れ枝を拾いに行かされた、なんていう話もよく聞く。かつて小学校の校庭には薪を背負いながら本を読む「二宮尊徳像」があったが、子供が薪運びをする光景は日常のものだった。自分が集めてきた薪が囲炉裏で使われるのは子供たちにとっても気分のいいものだったのではなかろうか。

囲炉裏はコミュニケーションの場

昔から囲炉裏の炉辺は家族の座る位置が決まっていて、家の土間から見て炉の正面奥が家長の座で、隣の勝手（炊事場）側が妻の座であった。

囲炉裏の火はそのまま放置したのではやがて炎が消えてしまう。炎が消えると煙が多量に出て部屋の中が煙くなる。だから、いつも調子よく炎が立つように、薪を追加したり薪の位置を変えたり炉床の灰を掘って空気の流れをよくしたり、火吹き竹で空気を吹いたり、というような手間が必要になる。炎をぐるりと囲む座り方は、誰しも炎を見ることができるし、対面の相手の顔も見える。これがテレビ画面のような薪ストーブの炎の見え方とちがうところだ。

囲炉裏は人を謙虚にする？

ときどき薪をいじる必然性からか、囲炉裏の火の前では人は沈黙が苦痛でなくなり、ときとして饒舌になる。囲炉裏に友人を招き入れると、不思議とふだん言ったこともないようなプライベートなことを（別に聞き出しているわけではないのだが）、ぽろりと漏らしてしまうことが多い（笑）。そんなことをこれまでたびたび経験した。人は火の前で嘘がつけないようだ。

◀囲炉裏は地元の古老たちとのコミュニケーションにも絶大な威力を発揮する（群馬の山暮らし時代に描いた「アトリエの隣人たち」2006年・画）

4 炉端は調理場かつ食卓

調理しながら、皆で食べる

囲炉裏が優れたコミュニケーションの装置であるのは、炉の中が調理場であり、炉端が食事のテーブルであることも大きい。中心の自在カギに掛けられた大鍋に野菜（ときに若干の肉や魚）が放り込まれ、汁をつくる。昔の山村はこれに雑穀飯、あるいは手打ちうどんを入れて煮込む。それを皆で囲んで食べるのが毎日の夕餉《ゆうげ》であった。

縄文の昔から続く

囲炉裏部屋に隣接する土間で材料を刻み、それを炉端に運んで鍋に投入する。吊りカギを上下して火力を調整し、ぐつぐつと煮える鍋の中を覗きながら、吹き上がる湯気とたちこめる匂いに期待をふくらませる。ときには主人や子供や客人が作業の一部を手伝うこともあり、そうして炉端に食器や他の惣菜が並ぶと、メインの鍋がめいめいにふるまわれ、賑やかな囲炉裏の食事が始まる。

現代でもカセットガスコンロで鍋を囲んだり、ホットプレートで焼き肉をするときは同じことが起きるが、以前は炎を囲んで毎日これが行なわれていたわけだ。さかのぼれば縄文の昔から連綿と行なわれていた食形態である。

教育・食育効果も

いまダイニングにはテレビがあり、その映像に吸い寄せられながら、ときに番組の話題を口にしながら、食事が進むことが多い（会話があればいいほうで「孤食」も増えている）。いわば食とは関係のない光（テレビ）の方向へ、皆でそっぽを向きながら食べているのだ。囲炉裏は炎を中心に輪を囲む。食事の中で家族の挙動や会話が見える。これが強力なコミュニケーションをもたらしている。子供たちからすれば燃料の薪拾いを手伝っている誇らしさもあり、調理法や火の操《あやつ》りを観察できる。そんな教育・食育効果も大きい。

昔は薪拾いは子供の仕事だった。薪を背負う二宮尊徳像（京都芸術センター／旧明倫小跡地）

▶今宵は囲炉裏で牡蠣鍋。身体の中から温まる。数千年の昔から、縄文土器で同じことが行なわれていたにちがいない

友人宅の新設・囲炉裏に招待される。火を扱い配膳を手伝う子供たちが頼もしい

5 囲炉裏は多彩な調理装置

沸かす（煮る）と焼くを同時進行

囲炉裏で料理というと、自在カギや炎の周囲に並べる串焼き（田楽焼き）を思い浮かべるが、他にも様々な調理法や使い方がある。囲炉裏を始めて次に驚いたことは、この調理法のバリエーションの豊かさである。私たちが最初に再生した囲炉裏はやや大きめの長方形サイズであった。センターからややずらした位置に自在カギを吊るすと、少し広い灰のスペースが残る。そこで炭を使って焼き物ができる。つまり自在カギに鍋を吊るす一方で、炭火焼きという料理を同時進行させることができるのだ。

燠《おき》炭を用いてワタシで焼く

しかも、その炭は新たに持ち込むのでなく、囲炉裏の中で燃える薪からつくられる「燠炭」を使えばよい。燠炭は薪が燃える過程で自然にできる。それをトングや火箸などで掻き出し、灰の上を転がしつつ、炭火焼のスペースに移動させればいいのである。

火消し壷に入れれば消火して保存することもでき、そこから取り出して新たな炭として使うこともできる。燠炭は火がつきやすいので急ぎの調理には便利なものである。

いずれにしても、燃料の移動は囲炉裏の中で完結してしまうのだから便利だ。昔はそのための便利な道具「ワタシ」がどこでも使われていた。ワタシがなくて

鉄瓶で湯を沸かしコーヒーを入れ、ワタシに燠炭を移動してオープンサンドを温める。フランスパンはびっくりするほどパリッとした焼きたて状態に戻る

切ってからスギの板皿に置くと水蒸気を吸ってくれるので、食べ終わるまでパン皮がパリパリ◀

も空き缶や焼き網を工夫すれば同じことができる。囲炉裏の灰の中は固定された道具を置く必要はなく、言い換えれば自由度がきわめて高い。

ゴトクで炒め物や炊飯も

火鉢でよく使われるゴトクは３本の足を灰に刺して固定し、その上に鍋や釜をのせて使う道具だが、これも囲炉裏で使うことができる。

ゴトクを使えばふつうの片手鍋や中華鍋、羽釜を使うことができ、炒め物や炊飯をすることができる。

ゴトクは足の刺し具合で火の高さが変わるし、設置場所も自由に変えられ、使わないときは取り出して仕舞っておいてもいい。

ミニオーブンや灰の中で蒸し焼きも

その他にも鍋をミニオーブンにしてパンやピザを焼くことができる。鍋の中に石を入れ、食材を底から浮かせて焦がさないようにし、一方、ふたの上に熾炭をのせる。こうすれば、オーブンができるのだ（ふたは把っ手が金属のものを使用する。**次ページ参照**）。

そして囲炉裏独特の調理法として灰の中に食材を直接入れて（アルミホイルにくるんでもよい）蒸し焼きにするという裏技もある。まさに変幻自在、これほどバリエーション豊かな調理炉は囲炉裏をおいて他にない。

火棚と弁慶で保存食をつくる

冷蔵庫のなかった時代、天日干しによる乾物は大変重要な保存法であった。囲炉裏の上部にぶら下げておけば微熱風で同じような風乾ができる。しかも、煙の燻し効果が加わるために防腐効果も高まる（「薫乾《くんかん》」）。火棚の上にのせるか、ワラ筒に串を刺す「弁慶」という道具（**写真下**）を使うと便利だ（３章、５章で詳述）。

煮る
×
焼く
ワタシ
お雑煮の鍋をゴトクにかけながらワタシで餅を焼く

炒める
×
焼く
底を抜いた空き缶と焼き網でワタシを代用
焼きおにぎりをつくりながらフライパンでシカ肉を炒める

田楽
×
薫乾
弁慶
田楽
奥飛騨福地温泉「昔ばなしの里」内の囲炉裏にて。現在は炭火を使っている。弁慶で薫乾されたイワナは骨酒用

まだまだあるぞ薪火調理

串刺し調理

ねじりパン
自在カギに鍋を吊ったまま、下で調理

パン生地を串に巻き、炎のそばに立てて回しながら焼く

ジャガイモの田楽

茹でた小ジャガイモを串に刺し、ハチミツとユズ皮を入れた味噌だれをつけて焼く

◀串は竹で長くつくる

ホタルイカの薫製

茹でホタルイカを串刺しに焼き枯らすと、市販の薫製そっくりに

簡易オーブンピザ

アルミのふた
フライパン
くしゃくしゃのアルミホイルを敷いてピザ生地の底を浮かせる（焦げ防止）

ふたの上に
熾炭をのせる

金属製のふたの上に燠炭をのせ密封すると、オーブン調理ができる。最小限の調理用具と薪火でピザをもっとも美味しく焼く方法

灰蒸し焼き

写真左：小ジャガイモを皮のまま灰に埋めて蒸し焼き。**写真右**：半割りサツマイモはアルミホイルにくるんで埋める。ときどき回してまんべんなく火を通す

ホットサンド

ホットサンドメーカーを使って畑直行野菜たっぷりのヘルシーサンドが最高！　他にワッフルやタイ焼き、タコ焼きなども薪火で美味しく

6 蛍《ほたる》火と保温調理が簡単に

極弱火は煮物料理の極意

囲炉裏では熾炭が使えることで蛍火（極弱火）調理ができる。たとえば煮物、カレーやシチュー、おでん、スープの保温などに極弱火が欲しいとき、放っておけばゆっくりと消えていくという熾炭は大変便利なものである。

カレーなどをガスの極弱火で保温しようと思っても、やがて鍋の温度が上がってしまい、ときどき底をかき混ぜないと焦げ付いてしまう。ところが、熾炭は放っておけば火力がゆっくりと落ちていく（ときおり空気を送ってやれば火力を戻すこともできる）。そのため放置しても焦げることがなく、しかも温度が下がる過程で素材に味が煮含められる。

ガスや電気はとても便利だが、この煮物料理の極意ともいえる極弱火・保温調理機能は失ってしまったともいえる。

「はかせなべ」の保温調理が簡単に

「はかせなべ」という商品がある。鍋が冷めにくい二重構造になっていて、煮物などをするとき沸騰して味付けした時点で火を消し、保温調理をしながら燃料を節約するというものだ。煮物は冷めるときに味が素材に浸透し、栄養素も壊れにくい。理に適った調理法が簡単にできる鍋である。

食生活料理研究家の魚柄仁之助氏が提唱する「保温調理」――沸騰は５分以内におさえ、後は鍋を毛布や新聞紙にくるんで段ボール箱に入れてしまう――も同様な効果だが、囲炉裏で熾炭を使えばふつうの鍋で「はかせなべ」や「保温調理」と同じことができる。

囲炉裏で連続料理するとき、中央の自在カギで調理をした後、灰の上に鍋を置くという過程が多くなるが、木枠に囲まれた灰の上は保温効果が高く、この過程がすでに保温調理になっている。

山で囲炉裏を使いながら暮らしていて「なんでこんなに美味しいの？」「日本でいまもっとも美味しい日常食をしているのは僕らかもしれない」と冗談でなく思ったのは、自然農の畑から直行の素材、塩素のない山の湧水、薪火の力の他にも、この囲炉裏ならではの「自然の保温調理」効果があるのかもしれない。

炊飯
＋
保温調理

ゴトクに羽釜をのせご飯を炊く。傍らで２つの鍋を保温中。木枠に囲まれた暖かな灰の上で、自然に「保温調理」が進む

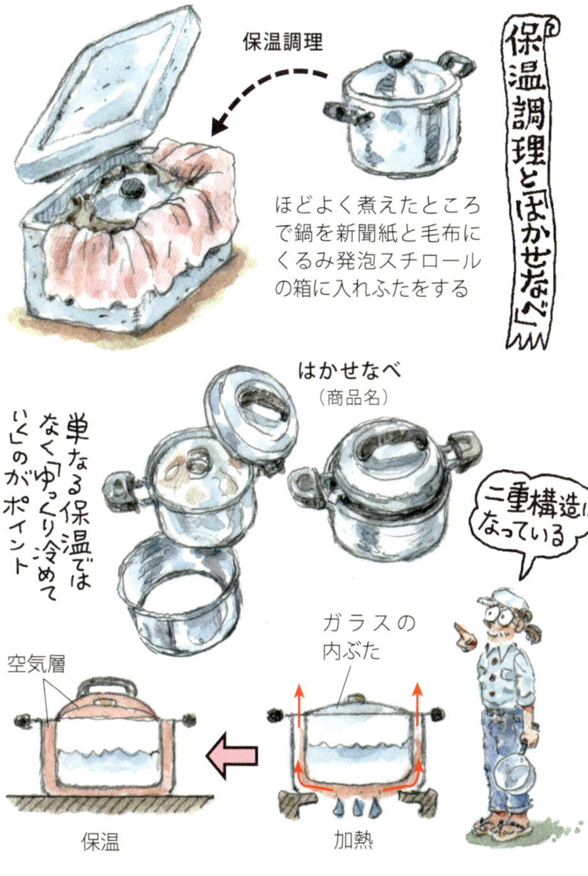
保温調理と「はかせなべ」
保温調理
ほどよく煮えたところで鍋を新聞紙と毛布にくるみ発泡スチロールの箱に入れふたをする
はかせなべ
（商品名）
単なる保温ではなく「ゆっくり冷めていく」のがポイント
二重構造になっている
ガラスの内ぶた
空気層
保温
加熱

7 拭く・磨くという生活

黒光りしていく床や柱

伝統保存建築など囲炉裏のある旧家に行くと囲炉裏部屋の床や柱が黒光りしている。まるで漆《うるし》やワニスを塗ったような光沢がある。これはそのような塗装によるものではなく、長年の雑巾拭きで自然に磨かれてできたものだ。昔、廊下磨きなどでは米ぬかを入れた袋を使い、油分と砥《と》の粉《こ》成分を補いながら磨いたりもしたが、囲炉裏部屋では灰や煙の成分自体がごく薄い被膜をつくり、自然に光沢が出る。

掃除機ではなく雑巾がけ

囲炉裏部屋で薪火を焚くと煙が出、灰も周囲に飛ぶ。上部の煙抜きから排煙できるが、ある程度の煙や灰の飛散は避けられない。灰を掃除機で吸っていたら紙パックが目詰まりし、細かい灰ホコリは舞ってしまい、あまりきれいにならない。だから、囲炉裏を使うと決めたら雑巾がけの掃除は必須の作業となる。

木の床は拭き重ねることでゆっくりとツヤを増していく。残念ながら、現在、市場に流通している板材の多くは高温による人工乾燥材で、油脂成分が乾燥の過程で出きってしまっているので、自然のツヤが出てこない。だから塗装をしてツヤを出すしかない。塗装をした木は静電気でホコリが付きやすく、素材自体が呼吸しないので板の体感が冷たく、カビも付きやすい。

磨かれた囲炉裏部屋は「茶室」である

囲炉裏部屋は雑巾がけがスムースにできるように、また防火対策の面からも、床にごちゃごちゃ物を置かないことが大切だ。

自然の木材を使った床板は、雑巾がけをした後、凛とした空気が部屋にみなぎって、とても気持ちがいい。朝の雑巾がけできれいに磨かれた囲炉裏部屋に、最初に火をつけるときの気分はすばらしいものである。

よく磨かれた囲炉裏部屋は侘びた極上の「茶室」のようでもあり、陶器や生け花が大変よく似合う。

お客さんを呼ぶときは、ふだんの生活臭を消し、ミニマルな空間の演出をして、灰かきを用いて「灰模様」を描くのも面白い（66ページ参照）。こんな楽しみ方ができるのも囲炉裏の面白いところである。

◀拭き込まれた囲炉裏周りの板。▲火棚に竹が敷かれている。移築後は火が途絶えているようだ（栃木県黒羽町「くらしの館」）

8 煙も楽し

昔は煙が大変だった

これほどまですばらしい囲炉裏が駆逐され、消えてしまった最大の原因の一つは「煙」かもしれない。昔は毎日の煮炊きが囲炉裏やカマドが当たり前で、しかも薪は奪い合いであり、つねによい燃料があるとは限らないきびしい暮らしだった。落ち葉を燃料にしていた農家もあるほどで、煙い薪が多かったと思われる。目や肺を悪くした女たちもいたという。

また煙に当たると身体に燻し臭がつく。唱歌「母さんのうた」の中に、故郷の便りが届いたら囲炉裏の匂いがしたという一節があるが、東京の編集者によると、私がアトリエから送った荷物も燻し臭がしていたそうだ（笑）。自家用車の中もほのかに囲炉裏の匂いがするらしい（自分では気づかないが人を乗せると指摘されることがある）。

煙の防虫・防腐効果

しかし煙には家を防虫・防腐するという絶大な効果があった。とくに茅葺き、藁葺きの民家にこの燻《いぶ》しは必須であった。囲炉裏のない西日本の家でも、土間にあるカマドの煙を、家の屋根全体に回らせてから排煙するという仕組みがつくられている。

蚊やダニ、ムカデなどが多い農山村暮らしでは、煙の燻しは防虫効果も大きい。気密性の低い昔の日本家屋、家畜と共にある農山村の暮らしでは、ある程度の煙や灰飛びはむしろ衛生上必要なものであったろう。

囲炉裏の炎を楽しめる時代に

この煙と、結果としてついてくる燻し臭を嫌うあまり、炎を立てる本物の囲炉裏（以下「炎の囲炉裏」とも）は消滅し、現代では炭を使うのが主流になってしまった。しかしそれは暮らしの囲炉裏ではなく、宴会用か趣味のものだ。

いまあらゆるものが電化されて便利になり、家事の負担は激減している。しかも薪はよく乾いた上質のものを選ぶことができる。たまさかの煙は「蚊取り線香」とでも思えばよく、「炎の囲炉裏」を暮らしの中で余裕を持って楽しめる時代になったのではないだろうか。あぐらをかいて座れる日本人には、もともと囲炉裏は向いている。煙は上に対流するので、床に座ることで煙が和らぐのだ。

煙は神聖なもの

現代人はゴミの焼却などで不快な臭いだけを煙に感じている人がいるが、よく乾いた木や葉が燃えるときにはそれぞれ固有の匂いがあり芳しいものである。いまでも日本各地にスギの葉を原料に線香をつくっている会社がある。

ネイティブアメリカンは場や空間を浄化する儀式にセージなどのハーブ煙を使う。中東ではペルシャ絨毯《じゅうたん》を編む前にお香を焚いて、その煙で創作の成功を祈願するという。煙は神聖なものであり再生のシンボルでもある。

漂う朝の煙に光が矢のように射して美しい。暗いトーンの土間や囲炉裏部屋には、自然光と植物の原色が対置して映える

9 イロリストの薪棚

火の面倒を見る

ただ薪を放り込むだけの薪ストーブとちがって、囲炉裏は薪を燃やす楽しみがたっぷりある。囲炉裏は薪をいじりながら火の面倒を見てやらねば炎が消えてしまう。火が好きな人にとってはこの時間がいいので、火の面倒を見るのが苦痛な人には向かない。

薪の大小や形を見、そして薪の組み方などを考えながら、よい炎の燃焼を維持するために、新たに薪をくべたり火箸などを使って木を動かし、ときに火吹き竹などで風を送らねばならない。薪が十分あっても空気が流れるすき間がなければならず、その形は刻々と変わる。それを見きわめつつ、手を入れる。

最初は難しいが、慣れてくるとどのように木をくべ動かせばいいか、薪の大小や火と煙の具合を見て瞬時に判断できるようになる。そうしてできるだけ少ない回数で、つねに安定した火を維持できれば、あなたも立派な「イロリスト」である。

細い枝薪にも目がいく

暮らしの中心を薪ストーブから囲炉裏に変えると、野外に出たときの木々を見る目がちがってくる。薪ストーブのときは、上質な広葉樹の硬木を探し回っている自分に気付くが、囲炉裏になると、たとえば倒木の隅から隅まで（先っぽの小枝まで）すべてが薪になる。だから小さな倒木でも大量の薪を得ることができる。しゃかりきになって薪を漁らなくていい自分にホッとする。

極細から極太まで柔軟に燃やせる

朝、敷地周りを散歩に出て、拾ってきた小枝のほんの一束で、囲炉裏で茶を飲むこともできる。それが敷地の掃除にもなり、敷地をつねに観察する目を養うことにもなる。もちろん、大きな薪だって燃せるし、長い丸太のまま斜めに突っ込むなんていうウルトラＣもできる。薪燃やしの柔軟性においても、囲炉裏は最高峰と言えよう。

イロリストの薪棚には極細の枝の束も整然と並ぶ

クヌギの太薪を使う
太薪は暖かいが燃やすのにコツがいる

スギ枝を使う
スギ薪は爆《は》ぜにくく安定してよく燃える

スギ割り薪を使う
調理しやすいのはこの程度の細薪

10 直火の囲炉裏の暖房効果

野外作業と焚き火

焚き火をしたことのある人なら、直火の暖かさはご存知であろう。炭火も暖かいが、直の炎はその比ではない。しかし炎に当たっている所は暖かいが、裏側の背中やお尻は寒い。だから、焚き火ではときどき身体をひっくり返して裏側も火に当ててやる。

このような部分暖房は、野外での作業と分かち難く過ごす自然暮らしでは悪くないものである。高気密高断熱の家で薄着で暮らす癖がついてしまったら、寒い野外に出て行くのが辛くなるし、ケガもしやすくなる。

火棚《ひだな》による暖房的工夫

囲炉裏は室内の焚き火のようなものだ。壁によって囲いがあるわけだから外の焚き火よりはずっと暖かい。しかし大きな吹き抜けのある大空間の囲炉裏では熱がみな上部に逃げてしまうので背中は寒い。そこで囲炉裏の上にある火棚に竹などを並べて遮蔽すると、上昇する熱気を火棚でバウンドさせて熱が低く滞留する。おかげで室内があまねく温まる（煙を分散させ屋根の防腐効果を均一にする効果もある）。

寒い地方ではこのように火棚を利用するのだが、私が最初に囲炉裏を体験した群馬の山暮らしのときは、養蚕民家の構造上、一階の天井が低く（もちろん囲炉裏上部の天井には煙抜きの穴が設けてあった）、天井そのものが火棚の役割をしていた（**33 ページ中図**）。

蓄熱による床暖房

昔は夏でも囲炉裏の火を絶やさなかったという。これは、マッチやライターのような便利な着火剤がなかったので火種を大切にしたのと、つねに火で温めることによって、囲炉裏の基壇や石組みを温める効果もあった。アイヌの住居《チセ》には地面に直接囲炉裏がつくられていて、夏中でも絶やさず火を焚くことで地面に蓄熱させ、極寒期にもその効果が持続したと言われている。

理にかなった「頭寒足熱」

自然素材の古民家はすき間だらけで冬の暖房効率は悪い。空間全体を温めるという暖房には向かない。だから囲炉裏、こたつ、火鉢、行火といった「頭寒足熱」の部分暖房が理にかなっている。

私たちの場合、最初、すき間だらけの家で薪ストーブをがんがん焚いてなんとか部屋全体を温めようと努力したが、結局は囲炉裏の直火に直接当たって身体の芯まで温まり、後はこたつに入りながら火鉢併用、といった生活のほうが寒くないし、薪の使用量でもはるかに合理的であることに気づいたのであった。どんなに寒い家でも小さな「炎の囲炉裏」一つあればなんとかなる、という確信を持ったものである。

詩人・彫刻家、高村光太郎が最晩年を暮らした山小屋の囲炉裏（岩手県花巻市「高村山荘」）

光太郎は太平洋戦争に思想荷担したことを懺悔すべく岩手の寒村に転居し、厳冬期にマイナス 20 度にもなる粗末な山小屋で晩年の７年を過ごした。絵は囲炉裏で火吹き竹を握る光太郎（「高村光太郎記念館」の写真から模写）

薪火を使うと自然に燠炭ができる▶

11 炎を核に、炭火を友に

薪火を使いきる知恵としての燠炭

山暮らしの中で、お年寄りたちが「燠炭」を実に大切に、暮らしの中に取り入れていることに気付いた。いま、「炎の囲炉裏」を使う家はなくなり、炉の中に時計形ストーブを置いて暖房や湯沸かしに使っている家が多いが、そこで出る燠炭を掘りごたつの中に入れて使ったりするのである（131ページ参照）。

つまり、薪火を使いながら自然にできる炭を残さず使い切っていく知恵である。山村において、かつて炭焼きは貴重な現金収入を得る生業であり、炭は日常のものであった。しかし、商品としての炭は換金する「商品」であり、自分たちで積極的に使うのは燠炭だったのである。

暖は囲炉裏と炭火のコンビで

燠炭は囲炉裏の中で調理に使うだけでなく、掘りごたつや火鉢など暖房に使い回しができる。炎の囲炉裏は煙が出るが炭はそれがない。だから座敷でも使える。掘りごたつのない家では行火《あんか》を使うと、同じようにこたつで炭が使える。座卓に布団をかけ、中に炭火の行火を入れればこたつとなる。それに火鉢を併用すると足も身体も暖かく、ストーブはいらない。

薪火暮らしの暖房において私たちは最終的に「炎の囲炉裏」と「行火＋こたつ」そして「火鉢」の併用、というスタイルに逢着した。薪ストーブも使わないではないが、それは特別な日の贅沢品で日常で頻繁には使わない（行火と火鉢については6章で詳述）。

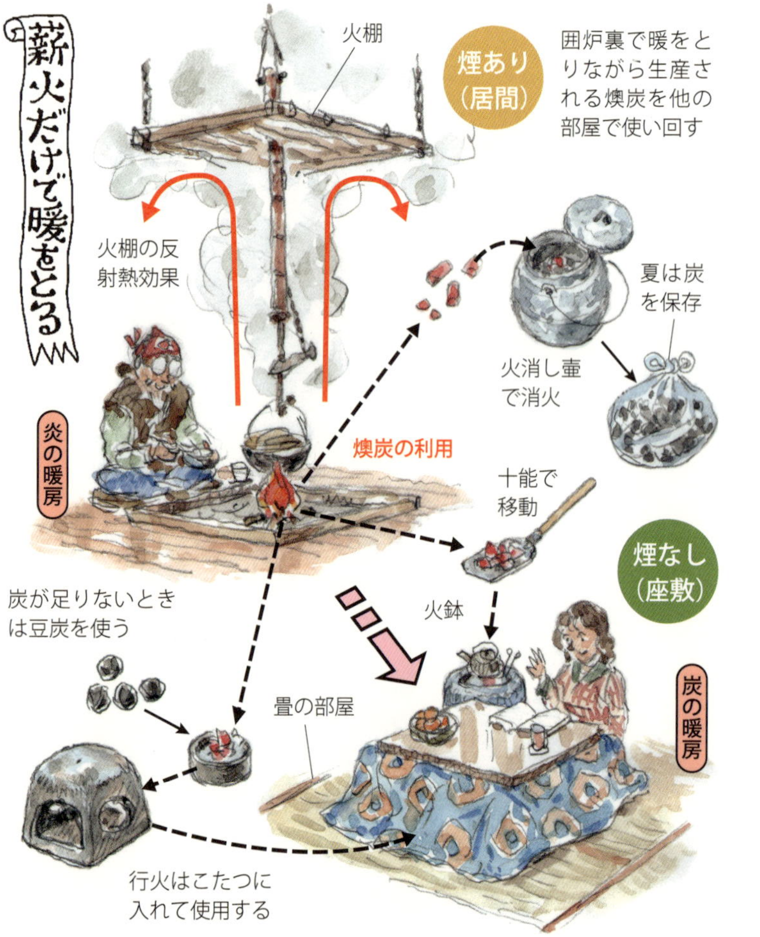
薪火だけで暖をとる
火棚
煙あり（居間）
囲炉裏で暖をとりながら生産される燠炭を他の部屋で使い回す
火棚の反射熱効果
夏は炭を保存
火消し壺で消火
炎の暖房
燠炭の利用
十能で移動
煙なし（座敷）
炭が足りないときは豆炭を使う
火鉢
畳の部屋
炭の暖房
行火はこたつに入れて使用する

夏に燠炭を溜める

周年、カマド・囲炉裏を使う生活をしていると、暖かい日は調理後に使わない燠炭が残る。それをこまめに火消し壺に入れて、いっぱいに溜まったらビニール袋に入れて保存しておくと、冬になってこたつや火鉢で使える。もちろん燠炭はふつうの炭に比べて火持ちが悪い。だから市販の炭を併用することもあるし、行火には豆炭《まめたん》（※）を使うことが多い。しかし、こうすることで薪というもののポテンシャルを最高に引き出すことができる。

このように自ら燠炭を使うようになると、空間全体を暖めようとする薪ストーブや、調理開始までかなりの薪を費やす石窯が、いかに無駄で贅沢なものかに気づくだろう。

※**豆炭**……石炭・木炭の粉を豆形に整形した市販の固形燃料（詳しくは130ページ）

12 風を呼ぶ夏の囲炉裏

炎が涼風を引き込む

いくら薪ストーブが好きだからといって、さすがに夏に焚く人はいないだろう。しかし山暮らしの囲炉裏は夏でもなかなか快適である。窓や戸を開けて風が入るようにすれば火の対流によって外からの風が室内に入ってくる。開け放しても燻しの効果で虫さされがない。

梅雨時期の湿った家を乾かす効果

なにより湿気の多い夏の梅雨時期、陰鬱な秋の長雨の時期には、囲炉裏を焚くことで部屋を乾かす効果がある。これは実際やってみると劇的な空間の浄化を感じる。私たちが山暮らしをしていたとき、近所のばあさんたちが「囲炉裏はいいもんだよ。夏でも火を焚くと家が乾くからいいんだよ」と言っていたものだ。

特に植物にぐるりと囲まれた山暮らしでは、都会では想像もつかないほど「湿気」と「虫」の多い環境で暮らすことになるので、囲炉裏のあるなしは夏の快適さに大きく関わってくる。

身体もサラサラに

夏の野外作業で汗まみれになったとき、水浴びをしたり濡れタオルで身体を拭いてから囲炉裏に当たると、身体が乾いてサラサラになる。蒸し暑い日やしとしと小雨が降る日、霧のかかる日などは、この効果は大変ありがたいものだ。

囲炉裏の煙には防臭効果もあるので、夏でさえ風呂の節約が可能になる。昔は風呂を沸かすということは水と薪を大量に消費することであったので、この点でも夏の囲炉裏は大いに役立ったのではないだろうか。

◀戸を開け放してタコ焼きをつくる

▲周囲の緑と沢水のおかげで、山間部なら風が通るようにしておけば夏の囲炉裏も快適。適度の煙が蚊を寄せ付けない

土間からの低い風が流れてくることも涼風を呼ぶポイント▶

13 木灰は有用資源

灰の利用法

囲炉裏は灰を炉床として火を燃やす。薪を燃やせば灰が溜まるわけで、つねに灰を生成し保管している。その灰は山菜のアク抜きやコンニャクをつくるときの凝固剤に利用したり、洗剤がわりにもなるし、融雪剤にも使える。もちろん一番有効な使用法は畑に肥料としてまくことで、灰はカリウムをはじめミネラル成分が多いので土壌改良に大変効果的だ。

灰の殺菌効果

灰は強アルカリなので殺菌作用がある。雑菌はアルカリに弱いが麹菌だけは強い。そのため昔から麹をつくるときに木灰を用いたそうである。他の雑菌はいなくなり麹菌だけの環境をつくれる。しかも灰の中のミネラルが麹菌の栄養になる。民話の「花咲か爺さん」はこの麹づくりの暗示だという説もある。

スギの薪や枝などを燃やすと小さな軽い灰がひらひらと舞い、頭からかぶったり床に積もったりする。この灰はこまめに雑巾がけをするのだが、こうすることで灰というアルカリのゆるい殺菌剤を床に塗布しているような効果もでる。

囲炉裏部屋ではものがカビにくく、囲炉裏に続く土間では漬け物や発酵食品がよくできるのは、煙の防腐作用の他にこの灰の効果もあるだろう。

埋め灰で焼く

よく燃えている囲炉裏の燠炭の周囲の灰は水のようにサラサラに柔らかくなり、炎に近いところはかすかに赤く発光する。この中にイモや木の実（クリやギンナン）などを潜り込ませれば、灰の中で蒸し焼きができる。長野や群馬の山村で常食された「おやき」はこの灰埋めによって焼かれた。

灰には水分を吸着する作用があり、小さなぐいのみの陶芸などは、この灰の性質を利用し、囲炉裏の中で灰と燠炭を利用して焼くこともできる。

囲炉裏で焼かれた縄文土器

縄文土器は野焼きではなく「囲炉裏の灰の中で、燠炭を使って焼かれていた」というこれまでにない説を陶芸家・吉田明氏（※）が唱えた。弥生式土器とちがい、縄文土器には炭素が付着していないものが多い。これは野焼き（直火）ではないということだ。。

燠炭に接触して焼けば野焼と同じ高温が持続でき（囲炉裏の灰の中は400℃以上、燠炭の近くだと900℃近くになる）、灰に埋めておけば温度が均一に上がり、温度差が生じることもなく割れる心配も少ない。囲炉裏の火で灰の温度を上げていけば、素焼き・本焼きもそのままできて、しっかりした焼き締めになる。縄文人はそれをよく理解し、薪の使用量を押さえながら、土器をホームメイドしていたのではなかろうか？　囲炉裏に密着していた彼らの生活形態からも十分うなずける手法である。

※**吉田明**……1948年東京都青梅市生まれ。長年にわたり朝鮮古陶の調査・研究を行ない、三島・粉引・刷毛目陶芸の名手として知られる。また、陶芸を身近なものとする七輪を用いた「七輪陶芸」で多くのファンを得た。2005年新潟県に移住。越後妻有の粘土を用いた「妻有焼」をスタートさせたが、惜しくも2008年12月死去（61歳）。縄文土器焼成の原理・実証やそれらを用いた料理法は『いつでも、どこでも、縄文・室内陶芸』（双葉社 2003）にまとめられた

写真上左：「ちびカマ君」の底から十能で灰を取り出す。**写真上右**：灰の中には燠炭や薪に付いた土なども混じる。畑にまけば優れた土壌改良材となる（**写真下**）

14 スギが薪火料理を変える

林野政策に翻弄されながら

かつて大量に植林されたスギ林で、いま盛んに強度間伐と搬出が行なわれている。これは林野庁が従来の「切り捨て間伐」ではなく、伐出を条件に補助金をつけるようにしたからで、結果として売れる木（太く素性のよい木）が多めに伐られ、見た目は強度間伐になっている。この是非は置いておくとして、木を伐採し、木材を運び出した後に、膨大なスギの枝葉が山に堆積している。

昔なら、燃料としてこぞって採取されたこれらの枝葉が、持ち去られることなく山の斜面や作業道の上に捨てられている。それだけではない。伐出の際は市場の基準に適合した長さに切ったものだけが搬出されるので、木の頭のほうの細い幹部分や、根っこに近い曲がった部分などが山に転がっており、曲がりや虫食いのあるもの、風雪害などで折れたもの、枯死したものなどは、丸々１本伐り捨ててあったりもする。伐出は市場へ出しやすい山から行なわれているので、どうしても町に近い山間部でこの情況が目につく。

スギ薪を使う時代

スギは薪ストーブ用には不人気だが、カマドや囲炉裏には優れた燃料なので、これをどんどん使いたい。以下にスギ薪を使うときの、各部の特徴・利点を書いてみる。

１）スギ葉……焚き付け（ファイアースターター）として欠かせない。焚き付けには新聞紙や書き損じの紙などを使えばいいと思われるだろうが、これらは紙自体に化学的な処理がしてあり、印刷原料にも化学成分があるせいで嫌な臭いがする。そして燃え尽きた後、黒いヒラヒラになった灰が残ったり飛び回ったりするのが気に入らない。スギの葉は燃えやすいだけでなく、持続力があり、次の小枝に炎を託すまで十分に時間を保たせる優秀な焚き付けなのだ。煙の匂いもよい（その点、ヒノキの葉はダメで、パチパチと一気に燃えて危いしすぐに燃え尽きる）。

２）スギ枝……スギの幹よりも稠密であり、細胞に空気の含有が少ない。だから、スギ幹の薪のように爆ぜることがない。よく燃え、保ちもよい。これが、いまの人工林に入れば取り放題なのだ。風が吹いた後、山に入れば枯れ枝がたくさん落ちている（昔は竹竿でこぞって落とした）。枯れ枝の場合は長い乾燥時間を必要とせず、すぐに薪として使える。

３）スギ幹……スギ丸太の薪は一気に燃えて火力は上がるが、持続力がないので薪ストーブ向きではない。

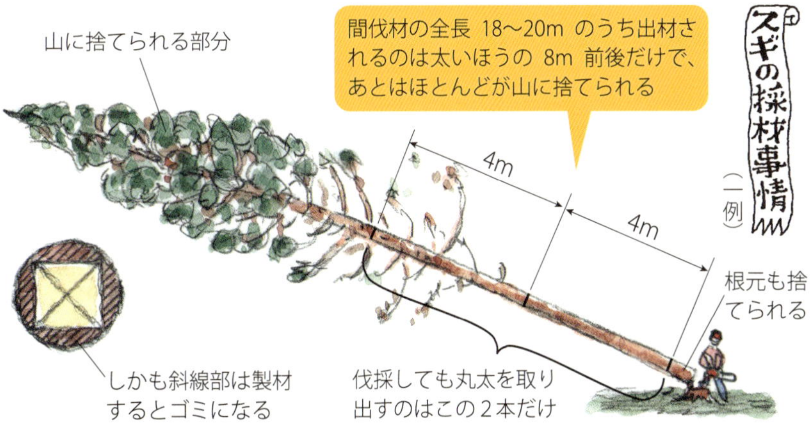

スギの採材事情
（一例）
間伐材の全長 18〜20m のうち出材されるのは太いほうの 8m 前後だけで、あとはほとんどが山に捨てられる
山に捨てられる部分
4m
4m
根元も捨てられる
しかも斜線部は製材するとゴミになる
伐採しても丸太を取り出すのはこの２本だけ

写真左：葉が茶色なら枯れ枝の証拠。２〜３日干せばすぐ薪に使える。**写真右**：作業道を入れ、間伐と集材を終えた国有林。斜面にも道にも大量の枝葉が捨てられている

しかし、細く割ってカマドや囲炉裏に使うと非常に便利な薪なのである。スギは割れやすいので慣れると素早く薪をつくることができる。ただし、スギ幹の割り薪は火の中で爆ぜやすいので、囲炉裏では小口（先端）から燃やすよう注意しないといけない。また、スギ全般にいえることだが、燃焼中に灰が舞いやすいので、つねに布巾や雑巾を用意してこまめに掃除したほうがよい。

ちなみに、昔はスギやヒノキの「幹を薪にする」ということはあまり行なわれなかった。なぜなら、スギやヒノキは建築素材として非常に優れ、細い間伐材でさえ丸太として様々な用途があった。また割裂性があってクサビで簡単に割れるので、杭などにも用いた。販売用の木材であり、直材なので自家用としても様々な用途があったのだ。

薪にするのはおもに雑木であり、スギ・ヒノキの場合は枝・葉や、製材で出た端材を燃やす程度であった。

バイオマス・ペレット vs 囲炉裏

過日、ネットで調べているとスギの伐倒後の残材が1トン3,000円とかで、森林ボランティアグループが集材機まで動かして、トラックで運んでいる記事を見た。行き先が「木質系バイオマス発電システム」、すなわち発電燃料の代替素材として木材を使おうというわけである。いずれスギの枯れ枝や葉をペレットに加工する技術も生まれるかもしれない。だが、私はこのバイオマス発電と、ペレットを使うストーブの文化には、疑問を持っている。

森からの産物を無機質な原料と同じように扱ってほしくないのだ。ものを燃やすということには、安易な態度でのぞむべきではない。森に行く。枝を拾う。枝を束ねる。それを運ぶ。それを使いやすいように切る。燃やす。煙を避ける。火の粉に気を付ける。灰を処理する。薪を採った森の未来に思いを馳せる。そのプロセスを一つひとつを噛みしめることが、大事だと思うのである。森の観察、刃物の使い方、火の扱い、山への思い、すべてが重要なのである。

それは結果的に少々寒かったり、怪我の危険があったり、面倒であったりするけれども、それ以外のところで現代文明を使えばいいのであって、肝心のところはじっくりと苦労し、対話したほうがよい。この使い分けの見極めこそが、新たな文明復興の勘どころではないかと思う。だから「スギ薪＋炎の囲炉裏」はオルタナティブな時代の一つの象徴なのである。

写真左：スギ間伐材は素人でも伐採でき、軽く運ぶことができ、割りやすい。とくに細く割った薪は乾きやすく燃えやすく、火力調節ができ、囲炉裏やカマドでの調理に大変便利なものである。この薪を潤沢に使えるということは、薪火料理の根本を変えてしまうくらい大きな意味を持つ。**写真上**は東京西多摩の古道具屋で見付けた横オノ。間伐材を細かい薪に仕立てるのに非常に優れた道具で、ふつうのナタを使うより安全で、驚くほど速く細薪をつくることができる（82ページに詳細）

2章
囲炉裏をつくる

基礎に石を組んで
つくる本格囲炉裏。
山から伐り出した材を
ほぞ組みしてつくる炉縁。
私がつくった
囲炉裏の作例を交えながら
その基本構造や
各要素、空間を詳述。

1 囲炉裏の設置場所

囲炉裏は出居《でい》（居間）に

囲炉裏は縄文時代に地面に炉を切って周囲を石で囲った「地炉《じろ》」が原型だろう。それが住形態の変化によって床上・板の間（居間）に上がったものと考えられる。大きさは３尺の方形がふつうだが、４〜６尺大の長方形のものもある。

伝統民家は「土間」と「出居（居間）」が続きになっており、土間には水場とカマドが、出居には囲炉裏がある例が多い。出居とは「客を応対するのに出居る間」すなわち応接兼用の空間で、囲炉裏はそのための重要な役割を担っていたわけである。

居間の奥の「座敷」は煙が入らない落ち着いた空間で、土間の外は「庭」であり、台所に直行できる小さな菜園がある、というのが理想形態だろう。薪火を生活に組み込むときはこの「庭・土間・居間・座敷」という居住空間を理解し、それぞれに相応しいものを使いたい。

石を炉縁に用いた地炉（栃木県「濱田庄司記念益子参考館」）

ガレージ、デッキ、あずまやに

室内に囲炉裏の設置空間をつくるのが難しい場合は、ガレージやデッキ、あずまやに囲炉裏を置くことも考えられる。ただし、囲炉裏は灰床を広く取るので風が入り込むところは灰飛びで汚れやすい。また開口部や煙抜きの取れない閉鎖空間ではつくれない。煙が抜けない部屋は煙いだけでなく、建具や家具に煤と臭いが染み付く。

囲炉裏を切る前に移動式のカマドなどで試験的に火を焚き、空気の流れ、煙の抜け具合を十分観察してから設計を始めるべきである。

囲炉裏の位置

小さな農家の間取り

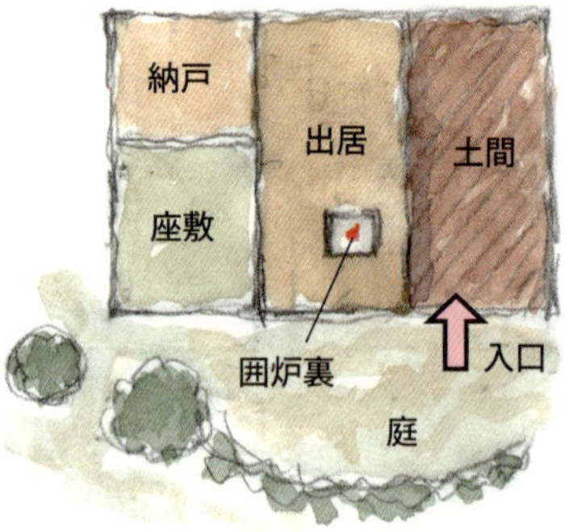

左図は小農家の基本型。地方によって様々な間取りがある。土間に接近して囲炉裏があるのは変わらない

人が座る位置

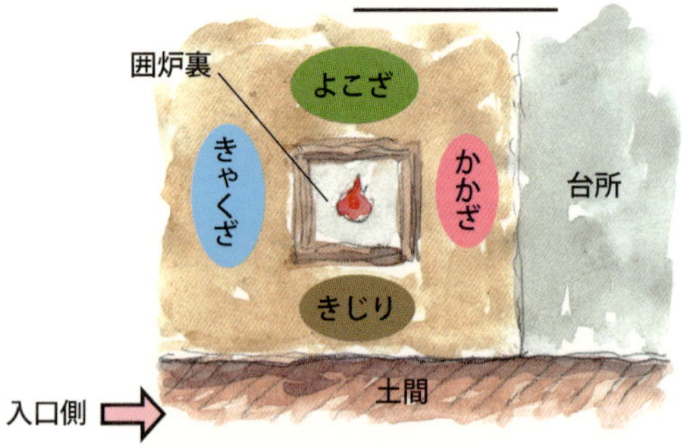

昔の囲炉裏の座席は家の秩序で定められ、土間から見て奥の位置が主人が座る**「よこざ」**、台所側が主婦の座の**「かかざ」**、入り口側は**「きゃくざ」**、土間側は**「きじり」**と呼ばれ、使用人などが座った

2 囲炉裏の基本的な形

炉の位置と深さ

囲炉裏はふつう部屋の中央にあるが、炊事や野良作業の休息に便利なように、土間寄りに置かれたものも多い。また炉の一辺が土間に面して開かれていたり、東北地方では足を下ろして座れる腰掛け式の囲炉裏もある（**右図下**）。雪国や寒冷地では足を温めるのに効果的であった。

下の写真はカマドが組み込まれた形式で、九州南部から四国西南部に多く存在した。

形と炉縁《ろぶち》

囲炉裏は四角で方形に炉縁が回っているのが基本だが、六角形、八角形の囲炉裏もある。

主に木でつくられる炉縁は食卓にもなるが幅を広く取りすぎるとバランスも悪く、炎から遠くなるので暖房には向かない。また、炉縁が床から高い位置にあると、一見テーブルとして便利なようであるが、足下の熱が遮断され暖房効果が薄れる。

カマドと囲炉裏が合体したタイプ（香川県高松市「四国村」旧木下家住宅）

昔の山村の囲炉裏は炉縁の幅が小さく、高さが低いものが多い。囲炉裏で足や足裏を温められるということは、身体を芯から温めるために非常に大事なことである。山村では各自が「箱膳」（※）を使って食事をしていた。それが狭い炉縁の食卓としての不便さを補っていたのであろう。

※**箱膳**……小さな木箱に個人の茶碗や皿、箸などを入れて管理。食事のとき蓋を裏返すとお膳になる。

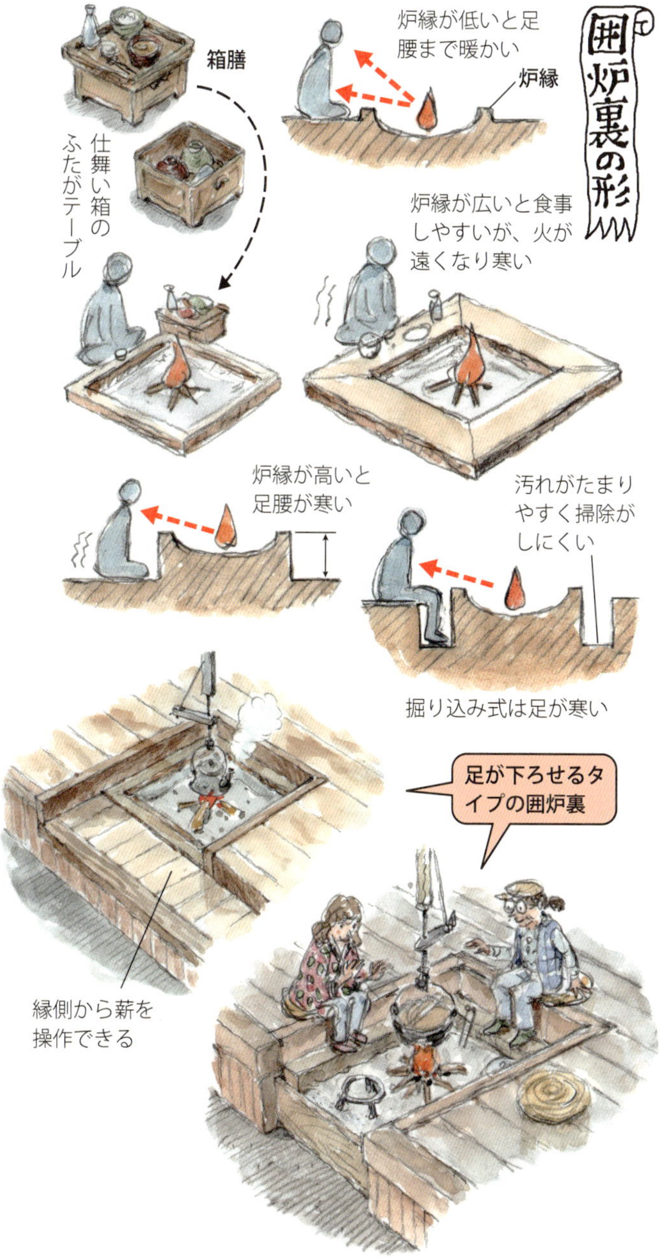

囲炉裏の大きさとレイアウト

改装して囲炉裏を新設する場合、床の一部を剥がして基礎づくりから始めることになる。床板の下部構造の「大引《おおびき》」と「根太《ねだ》」（※）のうち、根太は取り去ることはできるが、大引は床板の支えとして残す必要があるので、その制約の中で囲炉裏の位置や大きさを決める。どうしても囲炉裏の位置を優先させたくて大引を切断する場合は、新たに補強梁や床束《ゆかづか》を加えるなどして、構造上問題のないように床の維持を考える。

※**大引と根太**……床下地として土台間に設けられる部材で、一般に土台よりも少し細いものが使われる（大引は一般に9×9cm）。大引は床を構成する室の長手方向に91cm間隔で渡され、下は床束で支えられる。その上に直交させるのが根太で、ふつう4.5×6cmの角材が30.3cm間隔で使われる。この上に構造用合板などが張られ、さらにその上に畳やフローリングなどが置かれるのが一般的な家屋構造

自在カギの位置と動線

上部の梁から縄を結んで自在カギを下ろしたいとき、梁の位置によっては囲炉裏のレイアウトが制約されることがある。これは後述（**48ページ**）する調整によっていかようにもできる。囲炉裏のレイアウトを決めるときは、まずは大引を切らずに残すことと、平面的な使いやすさを優先させたほうがよい。

囲炉裏は正方形が基本だが、１章で述べたように長方形も便利で、調理の幅が広がる。その際、お勝手との動線、また薪をどこから運んでどこに置くかという動線（囲炉裏は薪を頻繁に入れるので）も考慮して位置や大きさを決める。

床下の構造（単位：mm）

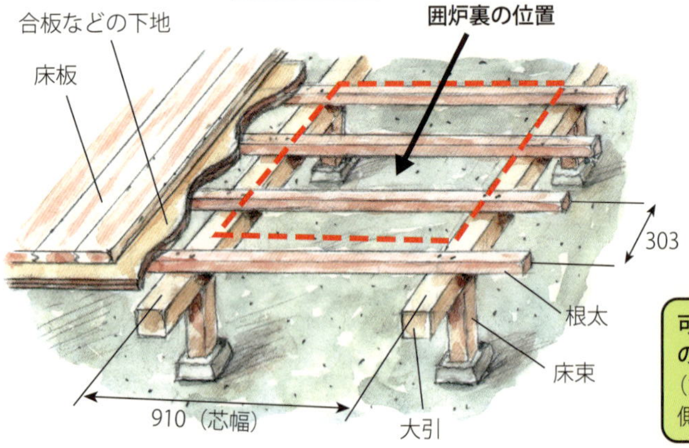

床下平面図　大引による制約

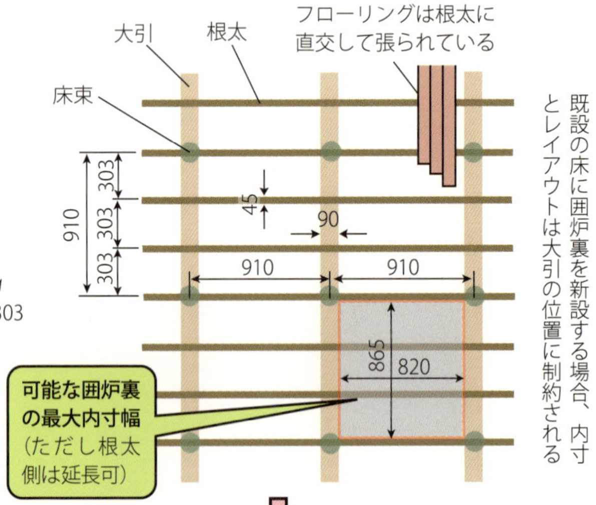

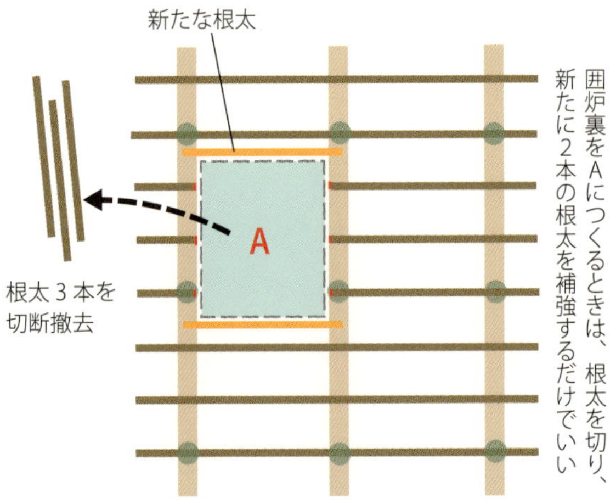

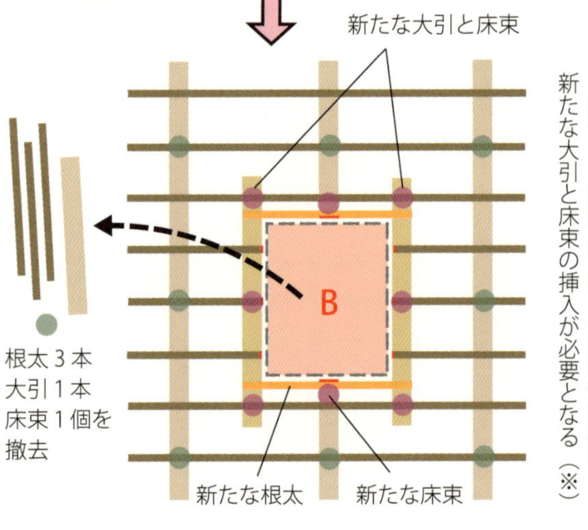

※建築基準法では一階床下の大引は構造材に含まれないが、切断する場合は床束、根太、床下地、床材等で十分な耐震補強を考慮する

3 囲炉裏の基本構造と各要素

基礎

囲炉裏の基礎はふつう石組みでつくられ、内側は粘土が塗られて灰床となる。レンガやコンクリートブロック、瓦あるいは金属板を利用することもできる。木枠で灰床をつくる場合は不燃材で内側を覆う必要がある。

炉縁と床

炉縁は床板の上にのせる場合と、基礎の上にのせる場合がある。後者の場合は床板を炉縁に突きつける。基礎・灰床・炉縁と床の接合部はいくつかのバリエーションがある。

自在カギ

自在カギは囲炉裏の中心に下ろすのが基本だが、長方形の炉の場合は、ややずらしてもう一つの調理スペースを取ると便利。上部が吹き抜けの場合は梁から下ろす。天井穴や換気フードがある場合は中央に細い横棒を渡してそこに掛け、煙の引きを妨害しないようにする。

煙抜き

炎を立てる囲炉裏の場合は煙抜きの窓や開口部が必要となる。囲炉裏の上部にあるのが望ましく、煙が自然に引き込まれ、屋外に放出されるようにする（詳細は次ページ）。天井を活かす場合は床板の一部を抜いて、二階の窓から抜けるようにする（**下図**）。炭だけの囲炉裏の場合は換気用の窓があればよい。

火棚

火棚は火の粉の遮蔽、熱や煙の反射板となる掛け棚であり、ものを乾燥させる機能もある。そのように使わないとしても、インテリア的に設置することで囲炉裏らしさが出る。縄で梁などから吊るす。

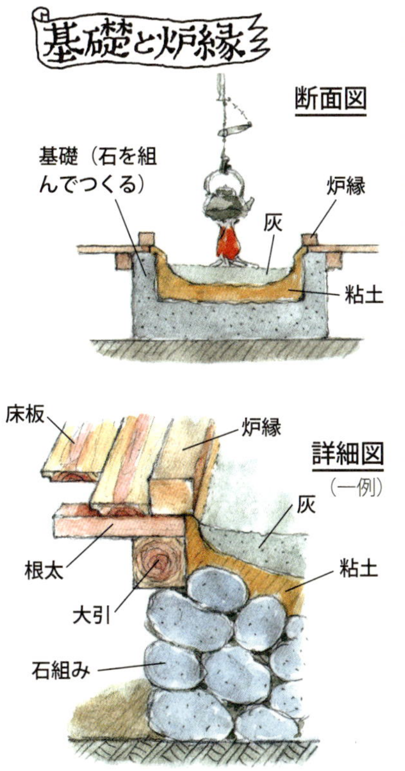

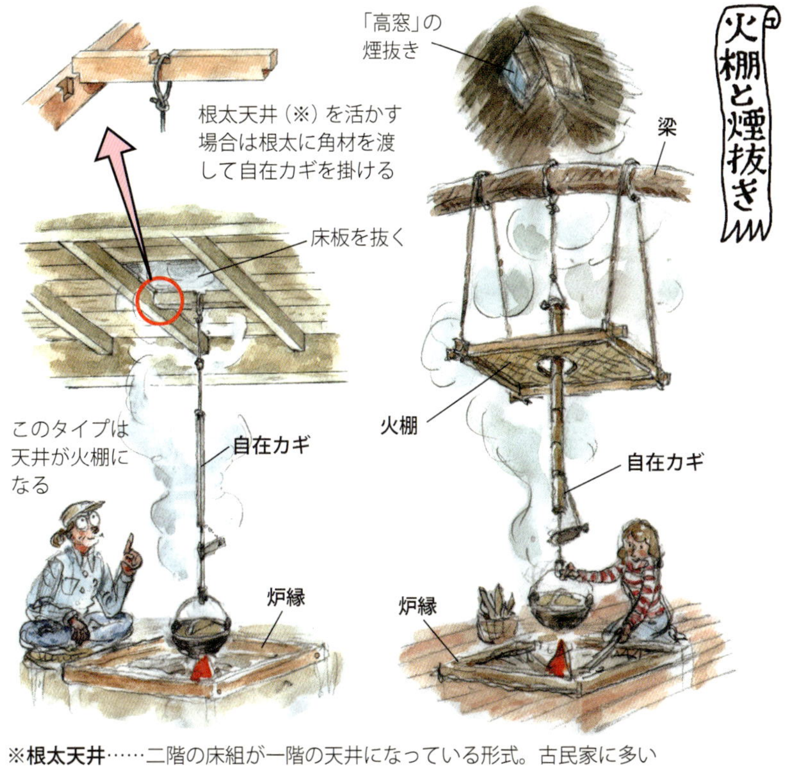

※根太天井……二階の床組が一階の天井になっている形式。古民家に多い

4 煙抜き

古民家に学ぶ

炎を立てる囲炉裏をつくる場合、重要なのは煙抜きである。昔は煙が自然に抜けるよう建物の上部に煙抜きの開口部を設けた。

もっとも多いのは屋根の頂部に小さな屋根をかけた開口部を飛び出させたもので、この煙抜きを「越屋根」「高窓」などと呼び、寄棟や切妻の屋根ではこの方法が多く採られる（**写真**①④⑤⑥⑦⑨）。屋根の勾配が急な合掌づくり民家では妻側壁の最上部（③）、入母屋では妻側の破風開口部が煙抜きとなる（②）。

茅葺き民家の場合は屋根材の防腐・防虫のために屋根裏全体に煙を十分対流させてから抜くほうがよいが（煙抜きがなく茅に煙を吸わせるつくりもある）、居住空間を重視する町家ではカマドを設置する通り庭（土間）の上部だけを吹き抜け（ここを「火袋」と呼ぶ）にして、煙突《ドラフト》効果を利用しつつ窓から煙を抜き、居間に煙が回らない工夫をしていた。また、大屋根の一部を「コの字」形に切り上げて、そのすき間から煙を抜くタイプもある（⑧）。この方法は位置が低いので抜けはやや悪いが、後付けでも屋根材をそのまま活かせるし、片流れ屋根の外屋などにも応用できる。

古民家の煙抜き

茅葺き寄棟に「越屋根」形の煙抜き（栃木県黒羽町「くらしの館」内部は20ページに写真）

入母屋の破風にある煙抜き（京都府美山町）

合掌づくりでは妻側の壁の頂部が煙抜きになる（岐阜県白川郷）

切妻に「越屋根」。いまは塞がれているが抜けがよさそう（栃木県足利市の民家）

「越屋根」の妻側に開口部（奈良県桜井市「聖林寺」）

開口部に雨除けの透かし板の工夫（熊本県阿蘇郡の民家）

破損しているが骨組みがよくわかる（熊本県阿蘇郡の納屋）

切り上げ形の煙抜き（岡山県高梁市吹屋）

内部から見た「越屋根」形の煙抜き（山口県萩市「木戸孝允生家」）

引き上げ戸

町家の台所壁の上部に付けられた採光と排煙のための引き上げ戸。雨戸付きで、滑車を用いた縄の操作で開閉する（奈良県「ならまち格子の家」）

現代の暮らしでつくる

現代でも木造住宅の材に燻《いぶ》しが加わることは悪いことではないが、新素材の断熱材や配管・配線が増えているので、煙は速やかに抜けてもらったほうがよい。基本はできるだけ高い位置に開口部を取ることだが、排煙には一方的に煙穴だけあったのではダメで、空気が流入するすき間もなければならない。すなわち新しい空気がつねに外部から入り、囲炉裏で燃焼（上昇）し、煙抜きから外部に出て行く、という空気の流れが必要だ。現代の高気密住宅ではこの流入側の開口部も考慮しておかなければならない。

煙の性質を読む

煙はより低温の空間に向かって上昇していく性質を持つ。陽の当たる昼間は抜けにくく、空気の冷える早朝や夜は抜けやすい。開口部のそばにトタン屋根など高温になる素材があると、日中抜けにくくなる。場合によっては換気扇を併用するのも手であろう。

炭の囲炉裏の場合は煙に特化した開口部はいらないが、換気には十分注意する必要がある（少なくとも外に面した窓は必要である）。

以下にそれぞれ建築パターンにおける囲炉裏の煙抜きの要点を記す。

1）旧家屋の再生囲炉裏……旧家屋の囲炉裏を再生する場合は、すでに煙抜きがあるはずで、それを再生す

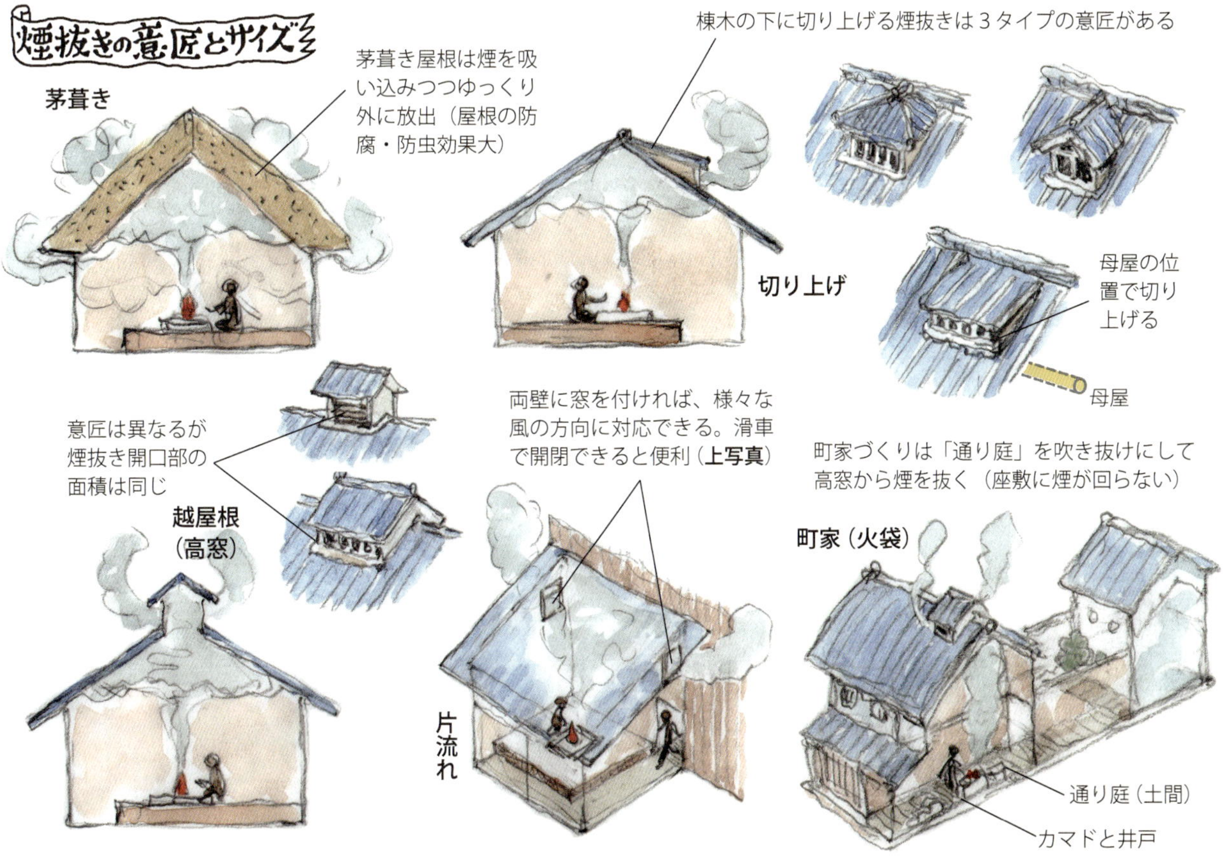

煙抜きの意匠とサイズ
茅葺き
茅葺き屋根は煙を吸い込みつつゆっくり外に放出（屋根の防腐・防虫効果大）
棟木の下に切り上げる煙抜きは３タイプの意匠がある
切り上げ
母屋の位置で切り上げる
母屋
意匠は異なるが煙抜き開口部の面積は同じ
越屋根（高窓）
両壁に窓を付ければ、様々な風の方向に対応できる。滑車で開閉できると便利（上写真）
片流れ
町家づくりは「通り庭」を吹き抜けにして高窓から煙を抜く（座敷に煙が回らない）
町家（火袋）
通り庭（土間）
カマドと井戸

ればよい。長らく閉じられているはずだから、ふさいであった板などを外せばよい（その際、鳥の浸入などを防ぐ格子などを設置する）。

2）囲炉裏新設……天井板を外し、屋根の頂部から煙が抜けるように野地板と屋根材を外して棟木と垂木の間に穴を開け、高窓を建て、雨が吹き込まないように小屋根をかける。もしくは母屋と垂木のキワから野地板を切断し、屋根の一部を切り上げて開口部をつくる。片流れ屋根の場合は、壁の上部に窓を設け、換気口としてもよい。その場合は開口部が一方向になるので、冬期の季節風や雨が入り込まない方向を考慮したいが、それでも壁窓の場合は風圧帯（※）が発生して逆流することがある。できれば左右の両方向に窓を取り、引き上げ戸を付けて（**前ページ上写真**）臨機応変に使い分けるとよい。天井をそのままに煙抜きを付けたい場合は、一部だけ穴を開けて煙が流動しやすいようフードをつけるのも一考（**下図**）。煙抜きの開口部の大きさは囲炉裏1基につき40～50㎠程度で十分である。大きすぎると風や雨の吹き込みに難儀する。鳥よけ・防犯用の格子も忘れない。

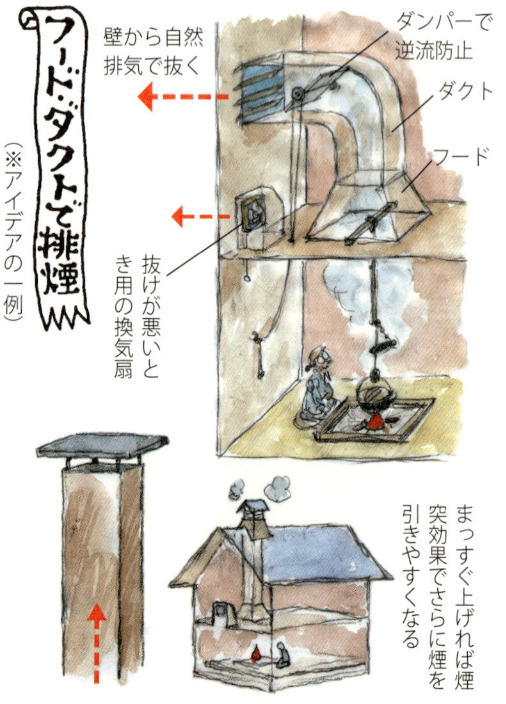

フード・ダクトで排煙
（※アイデアの一例）
壁から自然排気で抜く
ダンパーで逆流防止
ダクト
フード
抜けが悪いとき用の換気扇
まっすぐ上げれば煙突効果でさらに煙を引きやすくなる

3）換気扇で強制排気……天井も壁も開口部が取れない場所ではフードと換気扇で煙を外に誘導する。実際に炎の囲炉裏を用い、換気扇で排煙しながら営業している店舗や施設もある（**写真下**）。また、石窯ピザや煙と臭いの強い焼き肉店なども都市部の密集地で営業している。現在の飲食店での換気システムはかなり洗練されており、そのようなプロに相談すれば理想的な「換気扇による煙抜き」のアイデアが見つかるだろう。

※**風圧帯**……壁や屋根に風が当たって乱流が起きた場。気流の乱れは屋根の温度上昇などでも起きる

商業施設の排気例

①

②

▲炎の囲炉裏で郷土料理おやきを実演して食べさせる長野県「小川の庄　おやき村」では電動ファンで強制排気する①外観②屋根の排気孔は3箇所③ダクトは囲炉裏の上に④焼き場の囲炉裏は大型でテーブルタイプ

③

▲栃木県「足利フラワーパーク」の囲炉裏。基礎と炉縁は大谷石、上部にフードと煙突で強制排気

④

本来おやきは灰に入れて焼くが、ほうろく（鉄板）で焼いてから大型のワタシ炭焼きで仕上げている

住宅地での薪火・囲炉裏の設置と法規について

現在、多くの地域で火災予防条例により野焼きが禁止されており、野外で火を上げ煙を発生させる場合には届け出が必要になっている。しかし室内の薪ストーブ等に関しては、消防庁は「市区町村の条例に委ねる」としており、国そのものの法規制はなく「近所との問題を起こさない配慮を」といった指導があるくらいだ（ただし木造町家の密集した京都市などは厳しい条例がある）。

薪火を住宅地で使う場合、もっとも多いのは煙の臭いの苦情であるが、これを避けるには「煙突を高く上げる」のは常識として他に、**1）よく乾燥させた薪を使う、2）煙突・煙道をよく掃除する、3）昼間の使用をひかえる、4）近所付き合いで信頼を得る、**といった配慮でトラブルを回避したい。

さて設置するにあたって建築基準法では薪ストーブ、暖炉、囲炉裏に関して不燃材の内装仕上げに関する「告示」がある（平成21.2.27／第225号）。これはむしろこれまで開放的なキッチン空間をデザインするときネックとなっていた内装材に対する規制緩和といえる。すなわち暖炉や囲炉裏のある部屋は火気使用室としての規定しかなかったので室内全てを「準不燃物」で覆う必要があったが、この規定により火気から指定範囲内（一定の計算式を用いて得た距離の範囲）だけ「特定不燃材料」「難燃材料等」（※）で覆えばよく、他部分の木質内装が可能になった。

具体的に囲炉裏については、内長幅が90cm以下の囲炉裏に関して一定内周囲（**右図参照**）の壁と天井を「特定不燃材料」「難燃材料等」に限定するというもの。ふつうは囲炉裏端に座るスペースがあるので囲炉裏の芯から2m以内に壁がなければ問題はない。天井は床から4.2m高さ以下なら「難燃材料等」を用いる必要があるが、吹き抜けでこれ以上の高さがあればやはり問題はない。

以上は新築の際「建築申請」においてクリアーせねばならない必要条件だが、建築基準法は原則として「着工時の法律に適合することを要求する」ものであるため、すでに建てられた古民家等で囲炉裏を再生する場合などは、この基準から外れても違法ではない。ただし大規模リフォーム等で新たに確認申請・検査をとるような場合は、これに適合するよう設計しなければならない。

煙が出る囲炉裏の場合、近年消防法で義務化された火災報知器の設置の問題もある。多くの地域では寝室のみのだが、大都市の一部では台所まで、東京都では全室の設置となっている。こちらは「煙感知式」ではなく「熱感知式」の機種を用いることで誤作動を回避すればよいだろう。

※特定不燃材料……コンクリート、レンガ、瓦、陶磁器質タイル、繊維強化セメント板その他これらに類する不燃材料で、ガラス及びグラスウールは含まれない。「難燃材料」とは難燃合板、難燃繊維板、難燃プラスチック板など

囲炉裏部屋の内装（壁・天井）仕上げに関する規定

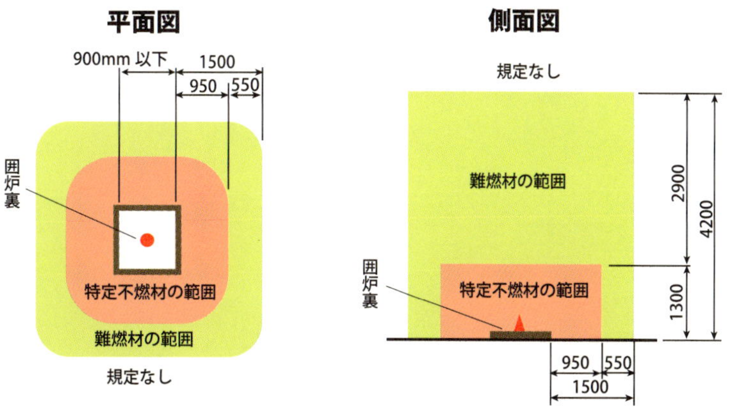
平面図
900mm 以下
1500
950
550
囲炉裏
特定不燃材の範囲
難燃材の範囲
規定なし
側面図
規定なし
難燃材の範囲
2900
4200
囲炉裏
特定不燃材の範囲
1300
950
550
1500

参考：国土交通省「準不燃材料でした内装の仕上げに準ずる仕上げを定める告示」
http://www.mlit.go.jp/jutakukentiku/house/jutakukentiku_house_tk_000020.html

5 壁材と床材

壁材と汚れ

囲炉裏部屋は煙で壁や天井がどうしても黒く煤けるので部屋が暗くなりがちである。ガラス戸などは上部からグラデーションがかかったように燻煙汚れ（ヤニ）が茶色く着く。ガラスはまめに雑巾がけすればきれいに戻るが、壁は徐々に茶色に変色していくと考えておいたほうがいい。昔は拭けるところはマメに拭き、そうでないところ、たとえばハシゴをかけないと掃除できない梁などは年の暮れに煤払いをし、黄ばんだ障子紙は張り替りかえるなど大掃除をした。

再生囲炉裏の部屋の場合

高度成長期に囲炉裏をふさいだ部屋は、黒く煤けた梁や壁を隠そうと新建材で改装されることが多かった。板張りや土壁は燻されることでそれなりの風格を増していくが、今様のビニールクロスや化粧合板などは汚らしくなるばかりなので、思い切って剥がし、元の壁に戻したほうがよい。合板や石膏ボードの下地ごとバールで剥がし、元の板張りや土壁をうまくリペアしていくのである。

床材と蓄熱
ストーブ
床板が厚いと炉縁との突き付けが安定
炉縁
床板が薄いと突き付けが不安定
炉縁
断熱材
囲炉裏
熾炭
ストーブの場合は床が寒いが囲炉裏は火の位置が低いのと熾炭による輻射熱・蓄熱効果で床がそれほど冷たくならない

床材のお薦めはスギ

囲炉裏部屋の床は直接座るものなので暖かな素材がいい。板敷き床の場合、西洋でのフローリングは靴で動きまわるものなので硬い広葉樹が使われるが、日本の囲炉裏部屋ではずばりスギ材がよい。スギ材は厚みのあるものを使えば断熱材効果も高い。フローリングの一部を剥がして囲炉裏を設置するなら、そのフローリングの上に直接スギの床板を張っていくという手もある。拭くほどにツヤの増す天然乾燥材を使いたい。

次ページはスギ間伐材を半割りし（※）、厚い板に仕立てた材で床を張った私の作例である。

※伐採方法やクサビ割り、ハツリの詳細については拙著『山で暮らす　愉しみと基本の技術』を参照

畳とゴザ

畳もいいものである。冬はとくに暖かくありがたい。ただし炎を立てる囲炉裏の場合、爆ぜた炭が畳を焦がして穴を開けるということはよく起こるので、注意する。また、灰汚れが畳表のすき間に食い込んで、拭き込むたびに汚れた感じになる。そこで囲炉裏の一画に薪や火消し壷など道具を置くための板の間を残しておくと使いやすい（**下写真**）。

折衷案として、板の間にゴザを敷く、という手も昔からよく行なわれていた合理的な方法である。

板のスペース
三方は畳敷き

囲炉裏の一画に薪・道具置きの板の間があると、畳が汚れずに便利。客が増えたときは板の上にゴザと座布団を敷く

スギ材で床板をつくる

自ら間伐したスギの半割り材で床を張り替えてみた。秋伐り葉枯らしをして2年乾燥した丸太を使っている（28ページ左写真）

①クサビを使ってスギ丸太を半割りにする（カシ材のクサビでも割れる）

②裏側はノコ目を入れてから、手オノとハンマーで小刻みにハツっていく。木っ端はすべて薪になる

③4面を粗くハツってから床になる面に鉋をかける

床になる面
裏面

④完全な平面を求めず多少の凹みは味として残す。裏面は鉋をかけない

⑤直径18～20cmの丸太から厚み4～5cmの厚板が2枚採れる。断面は台形（六角形）でよい

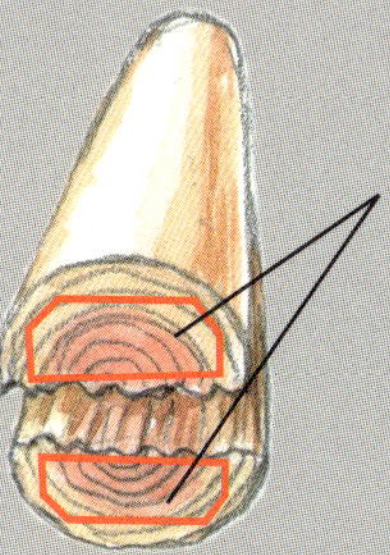
丸太を半割りにして2枚の厚板を採る

まだ粗削りの板

⑥すき間ができないよう側面を鉋で削りながら板を一枚ずつビスで止めていく。高さが合わないときは根太との間に板を入れて調整する

⑦板を張ったばかりの色（無塗装）。秋伐り葉枯らし天然乾燥なので色ツヤがよい

⑧丸棒で木ネジの穴をふさぐ。板は1ケ月ほど使った状態

⑨板張り完成から10ケ月後の色。無塗装なのに雑巾がけでこれだけのツヤがでる。囲炉裏が組まれた完成図写真は**45ページ**

6 採光、照明と配線

明かり窓

囲炉裏やカマドのある部屋は煤けて暗くなりがちなので天窓が欲しくなるが、高い位置の窓は煤けやすく掃除が大変になるのを考慮しておく。また、多雨地域では雨漏りの危険を避けられない。しかし、ほの暗い部屋であればこそ天窓の効果は劇的で、ごく小さな天窓一つで空間がまったく変わってしまう。

囲炉裏部屋でお勧めしたいのは床すれすれの位置に付ける明かり窓である。ほとんど煙汚れがないし、開閉できるようにしておけば換気や掃き掃除のためにも理にかなっている（**25ページ左写真、ギターの背後**）。

照明の工夫

電灯がない時代は炎が灯りとして利用されたわけで、囲炉裏の炎そのものが光源となりうる。つまりあまりに明るい照明は必要ないだけでなく囲炉裏の雰囲気を台無しにしてしまう。囲炉裏部屋に蛍光灯は似合わない。また複雑な装飾のある電灯も掃除がしにくい。

囲炉裏を部屋の中心に据えた場合（ほとんどの場合はそうなるが）、電灯を天井の中央からぶら下げるという一般的な照明のかたちが取れない。サイドにずらして下げるか、スポット照明などにする。吊り下げ式は傘や配線、吊り具などに燻煙汚れが着きやすいので、埋め込み式のダウンライトなどを併用するとよい。行灯タイプのフロアライト、テーブルライトも面白いが、配線が床を這うものは床掃除のとき邪魔なので、囲炉裏部屋には向かない。

囲炉裏部屋の照明
和紙と針金でつくる傘
ひもで止める
煙がトップライト光を劇的にする
火の中央から外す
ダウンライト
スポットライト
下部の窓
床には灯りを置かない

配線について

天井を剥がして吹き抜けにし、囲炉裏を再生する場合、中央からぶら下がる電灯の配線を移動する必要があるだろう。梁に打たれたコの字型ステップルを、配線を傷付けないように外して、囲炉裏の炎熱の影響のない位置へ移設する必要がある。

場合によってはジョイントボックスを目障りでない場所へ移設し、配線をツメたりしたくなるが、基本的に屋内の電気配線工事はよほど簡易なもの（ソケットやスイッチなどへの配線ネジ止めやヒューズの取り替え程度）以外は「第二種電気工事士」（※）の資格が必要となる。配線替えの場合は漏電の危険を避けるためにも、資格を取ったうえで行なうか、プロに見てもらうべきである。

※**第二種電気工事士**……一般住宅や店舗などの600ボルト以下の設備工事が可能。マークシートの筆記試験と実技による技能試験が行なわれる。学歴、職歴を問わないので誰でも受験可能。詳細は㈶電気技術者試験センター http://www.shiken.or.jp/flow/construction02.html

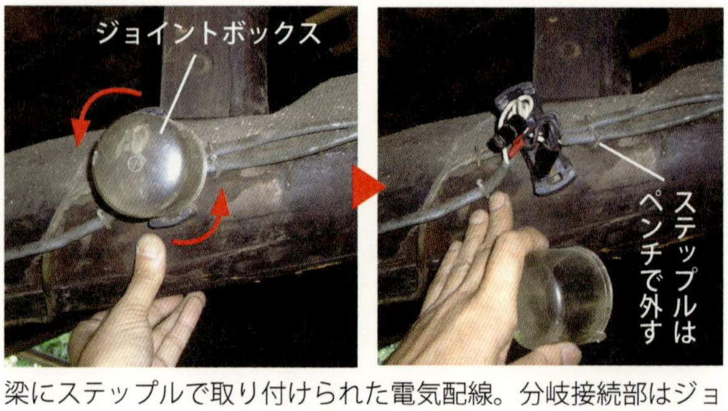

ジョイントボックス
ステップルはペンチで外す

梁にステップルで取り付けられた電気配線。分岐接続部はジョイントボックスでカバーがかけられている（回すと外れる）

7 基礎をつくる

大引の幅がサイズの基準

古民家の囲炉裏を再生する場合はすでに基礎があるのでそれを活かし、炉縁や床周りを再生すればよい。新設の場合は基礎から組む必要がある。

前節（32ページ）で述べたように既存の家屋の床を剥がして囲炉裏を設置するときは、大引の幅（芯幅で91cm）が長方形の短辺の基準になる。つまり大引の真下に囲炉裏の基礎がくることになり、床束が石組みの中に入り込む場合もある。土間などに囲炉裏を新設する場合は自由に設計できるので、囲炉裏の基礎を外したかたちで大引や床束をつくればよい。

石と粘土を使う

基礎は一般に石組みと粘土でつくられる。組み石は一般にその地方の石垣と同じ石が使われ、粘土は壁土用のものが使われた。石を炉縁の収まる下に立方体に組み、中央は灰の入る容積を考慮して凹ませるかたちに積む。石だけで積んでもよいが（空積み）、難しければモルタルで接着させながら積んでもよい（練り積み）。大谷石、コンクリートブロックやレンガを使うこともできる。

金属の箱を使う

また鉄板など金属を溶接して箱をつくり、それを床にはめ込むというつくり方もある。その際、箱と灰の重量を受ける支えに十分配慮する。木枠などで鉄箱の周囲を補強するときは間に粘土やケイカル板（※）などで防火・断熱する。

※**ケイカル板**……正式名称「珪酸カルシウム板」。水酸化カルシウムと砂を主原料として板状に成型した耐火断熱材。湿気に強く、軽く、加工がしやすい（ノコで切れる）。ホームセンター等で入手できる。

組み石の選び方、組み方

基礎の組み石は、直接火が当たるわけではないので基本的にどんな種類の石でもよい。大きさは大はサッカーボール程度から小は拳程度のものまで、形は球形よりも平たいもの、長い形のものが積みやすい。下部に大きな石を使うと動かない。角や最上部には平たい石を使うと積みやすい。

ベースが土の場合は5cmほど掘ってから搗き固め、最初の石を地面にめり込ませるように置く。コンクリートの場合は直接置いていく。

外側に崩れないように、囲炉裏の内側に重心が向く

①
自然石による石組み

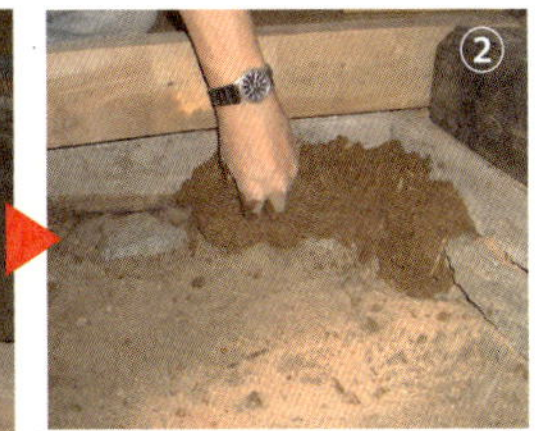
②

①古い囲炉裏の基礎はたいてい石で組んである
②再生にはまず古い灰をいったんかき出して粘土と石のすき間を新たな粘土で補修すればよい

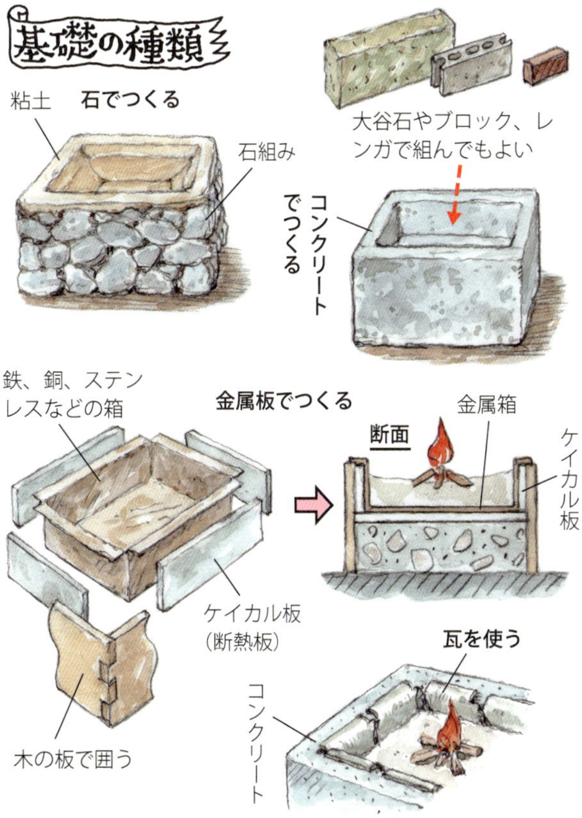
基礎の種類
粘土
石でつくる
石組み
大谷石やブロック、レンガで組んでもよい
コンクリートでつくる
鉄、銅、ステンレスなどの箱
金属板でつくる
断面
金属箱
ケイカル板
ケイカル板
（断熱板）
木の板で囲う
瓦を使う
コンクリート

ように積み重ねるのがコツ。平たい石が揃っているならレンガを積むように、不揃いなら谷間をつくるように石を落とし込みながら一段ずつ積んでいく。中央の灰が入る部分が深すぎるときは小砂利や砂、赤土などを敷き固めてカサを上げていく。

粘土で目張り

基礎のくぼみに灰を入れると囲炉裏ができるわけだが、空積みの石組みの場合はそのままでは石のすき間から灰が漏れてしまう。そこで粘土で目張りをしながら壁をつくっていく。粘土は土壁用のものでよい。私は蔵の解体現場から出た土壁の粘土を土嚢袋に入れ、保存しておいたものを使っている（※）。

自分で壁土をつくる場合は、山で粘土を採取し、臼で搗《つ》いて小石などを砕き、切りワラを混ぜて練り、ブルーシートに包んで半年ほど寝かせる。安価な陶芸用粘土に水とワラを加えて練り直してもよいだろう。モルタルで代用してもよいが、粘土のほうが囲炉裏の灰に馴染み、雰囲気はずっといい。

施工法はまず粘土を団子にして、石のすき間の穴に叩き付けるように押し付ける。それを繰り返して、最後は手のひらで叩いて表面を均す。石組みのすき間が深いときは間に小石を差し込んでかさを均すと、粘土の量を節約できる。

側面は石と大引や根太が見えなくなるまで完全に覆ってしまい、手のひらやコテでなで、磨き上げるときれいに仕上がる。

囲炉裏の美しさは粘土の曲面にあり

炉縁と粘土の緩やかなカーブを描いた壁、そこにのる灰、これらが醸し出す雰囲気が囲炉裏のもっとも囲炉裏らしい表情になる。ブロックや石板、金属板の垂直の立ち上げに直接炉縁がのったものはどうしても冷たい表情になり、箱火鉢《はこひばち》やバーベキュー炉っぽくなってしまうのだ。

また使ってみるとわかるが、曲面の壁を持った昔ながらの囲炉裏は空気の流れがスムーズでよく燃える。つくり直しや解体するときもラクだし、土も石もすべて再使用できる。

※土壁の土……解体時に竹小舞を取り去ったものを粉状のまま袋に保存しておく。水で練り直せば何度でも再利用できる。混入されたワラは粘りとひび割れ防止の役割があるが、古い土ではなくなっているので、練り直すとき追加する

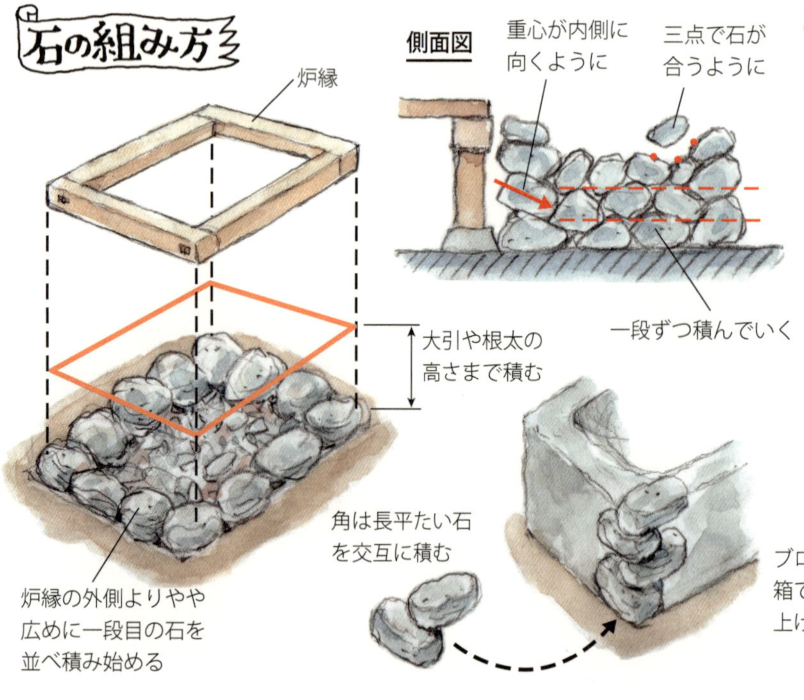

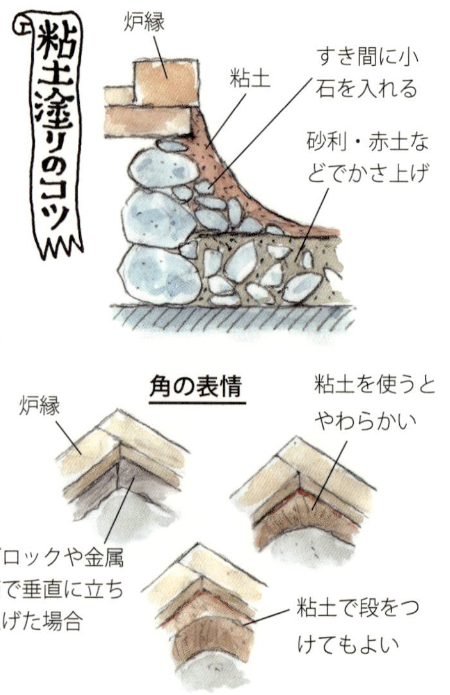

石と粘土で基礎をつくる

①旧フローリングを剥がし、囲炉裏スペースの根太を撤去（切断）する

②切断した根太材を切って、大引と根太のすき間にビス止め（赤点の部材）

③石を置き始める。束があるのでそれをくるむように石を組んでいく

④細かい石を間に詰めていく。炉縁に合わせ根太を足し（青矢印）囲炉裏の形をリサイズ

⑤粘土のダマをよくつぶし、切りワラと水を入れてこねる

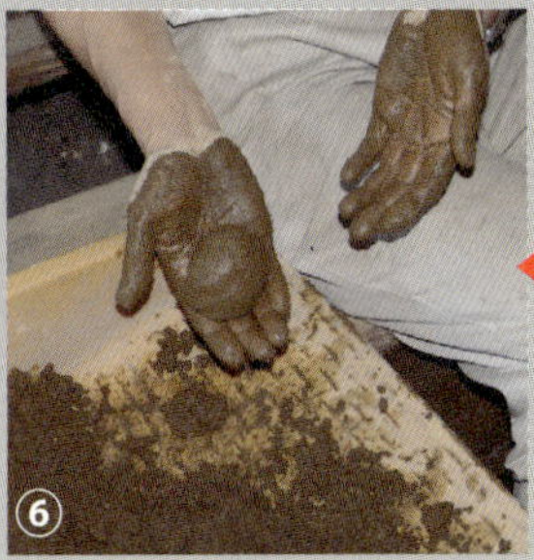

⑥手で粘土団子をつくり

⑦石のすき間に叩き付けていく

⑧凹凸がなくなるよう団子を叩いて層をつくっていく

⑨木部と石との接触部分にすき間ができないよう十分に粘土を詰める

⑩床が深すぎるので砂利と砂でかさ上げし、⑪灰をふるいながら入れる

▶灰は粘土が乾く前に入れてもかまわない。火を入れ続ければ熱で硬く締まってくる

8 炉縁《ろぶち》をつくる

炉縁の幅と高さ

炉縁は囲炉裏の顔ともいえる大切な要素だが、昔の炉縁は意外に幅の狭い（２寸＝6cm程度）、あっさりしたものが多い。

食卓を兼ねるなら最低でも幅10～15cmは欲しいが、あまり広すぎると身体が火から離れることになり暖房効果が弱まる。また、バーベキュー炉のような雰囲気になってしまう。接合部の加工も難しい。

高さは床・畳から３～5cmくらいがよい。

素材

炉縁は木でつくるのが一般的だが、石やレンガ、粘土で仕上げることもできる。火の熱が直接当たる場所なので熱くなりすぎる金属などは炉縁に向かない。またヤニなどを含む針葉樹も避けたほうがよい。

幅の狭い炉縁ならスギなどの針葉樹でもいいが、ある程度広くテーブルを兼ねたいなら、硬い広葉樹をお勧めする。食器を置いたときの音が小気味よいし、スギ材の床とのちがいが際立ってお互いが引き立つ。ナラ材などが最高である。

クヌギ・コナラ類の雑木林の伐採に関わったなら、下部のもっとも太い部分を囲炉裏の炉縁用に取っておくとよい。チェンソーで半割りにすれば２枚の厚板がとれるので、長めの丸太が２本あれば炉縁がつくれる。皮を剥き、最低４～５年乾燥させてから加工する。

ほぞ継ぎでつくる

炉縁は火の側でかなり熱くなるので木が動きやすい。接合部は金具で繋ぐのではなく、ほぞ継ぎできっちりつくったほうがよい。炎の囲炉裏は使い込むうちにいい色合いになっていくので塗装は必要ない。

ふた

ネコなどペットを家で飼っているとき、また乳幼児がいる家では、囲炉裏を使わないときにふたをしておくのは一つの手である。長方形の囲炉裏では片側に小さなふたをかければテーブルとして使うこともできる。板がたわまぬよう桟を入れ、開きやすいよう指穴などを空けておくとよい。

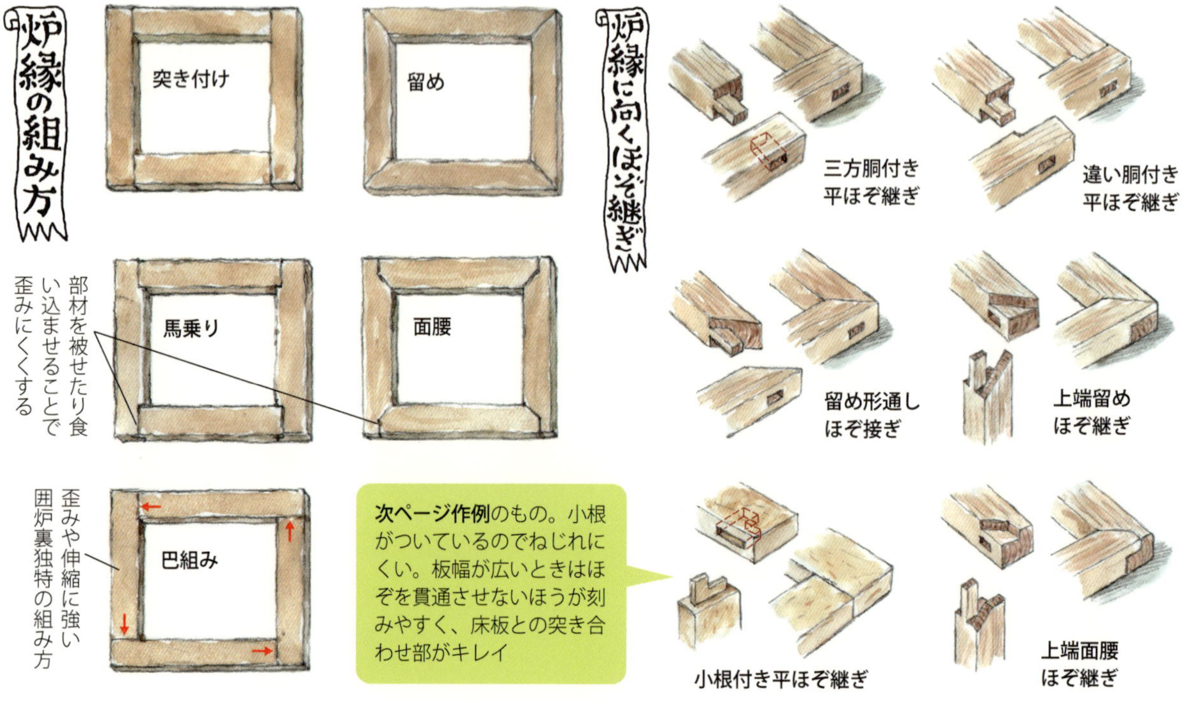

炉縁の組み方
突き付け
留め
馬乗り
面腰
部材を被せたり食い込ませることで歪みにくくする
巴組み
歪みや伸縮に強い囲炉裏独特の組み方
次ページ作例のもの。小根がついているのでねじれにくい。板幅が広いときはほぞを貫通させないほうが刻みやすく、床板との突き合わせ部がキレイ
炉縁に向くほぞ継ぎ
三方胴付き平ほぞ継ぎ
違い胴付き平ほぞ継ぎ
留め形通しほぞ接ぎ
上端留めほぞ継ぎ
小根付き平ほぞ継ぎ
上端面腰ほぞ継ぎ

囲炉裏の炉縁をつくる

①近年、雑木林が放置され各地で木が太くなっている。そんなクヌギを伐採（秋〜冬期が伐り旬）

②5年後、元玉の太い部分2本をチェーンソーで半割りにして、囲炉裏の炉縁をつくる。端正な方形にせず木の曲がりを活かしたい

③乾燥した広葉樹材は非常に硬いので厚みの調整はチェーンソーで刻みを入れ、クサビでハツっていく

④表面のねじれやゆがみをヨキでハツっていく

⑤ドリルやノミを使ってほぞとほぞ穴を刻む ⑥硬くて穴開けが大変だったので、ほぞを「小根付き」に変更した

⑦組んでから凹凸をカンナで微調整する

⑧炉縁の曲線に合わせて床板を削り、張っていく。完成が待ちきれずすでに料理に使用中

⑨床板の小口側は四方反り鉋で炉縁の曲がりに突き付ける

⑩自在カギに鉄瓶も吊るされた。自分で伐採・製材した木による囲炉裏が完成！

9 灰を入れる

灰の入手

囲炉裏には大量の木灰が必要になる。まったく灰のない状態から木を燃やして灰を溜めようと、囲炉裏で盛大な焚き火を連続して行なうのは火事の危険があるので絶対にやらないこと。第一、灰は数回の焚き火程度ではなかなか溜まらないものである。

灰の入手はネットでも販売サイトがあるが高価だ。囲炉裏をつくろうと決めたら移動式カマドや薪ストーブなどを使いながら、灰を溜めておくことである。それができない場合、一番いい方法は、薪ストーブを使用している友人などに頼んで分けてもらうことだ。友人がいなければ薪ストーブの煙突がある家を見つけて声をかけてみるとよい。

入れる前に掃除

入手した灰は囲炉裏の中に入れる前にフルイでゴミを取っておく。細かい燠炭のクズなどが入っているはずである。囲炉裏は灰の中で調理することもあるので、清浄に保たねばならない。中にマッチ棒や紙片やタバコの吸い殻などは論外である。

灰の高さ、厚み

灰の高さは、低すぎては火の操作上使いにくく、暖房体感も弱くなる。高過ぎると灰が飛びやすく室内が汚れがちになる。炉縁の天端から灰床の面まで高さは7～13cmくらいがちょうどよい。

灰の厚みは火の操作上、最低でも10cm以上は欲しい。最初、手持ちの灰が少ないときは、砂利や赤土などで底上げし、その上にのせる。燃やし続けて灰が増えたら、その度にすくって取り分けておき、ストックした灰がたっぷり溜まった時点で囲炉裏の灰をいったん全部引き上げ、砂利や赤土を削ってから灰を入れ直す。灰とかさ上げ用土が混ざらないように、ケイカル板などの不燃板で境界をつくっておくとよい。

灰の入れ方

古民家で古い囲炉裏を初めて使う場合は、灰が湿っていてホコリが堆積している。灰の上面を浅くすくって廃棄し、使える高さまで新しい灰を足して使う。

新設囲炉裏に初めて灰を入れるときは、予定の半分の深さまで灰を入れたらいったん搗き固めて締め、また新たな灰を入れる。あまりに灰がふわふわしているとゴトクやワタシの座りが悪いからである。

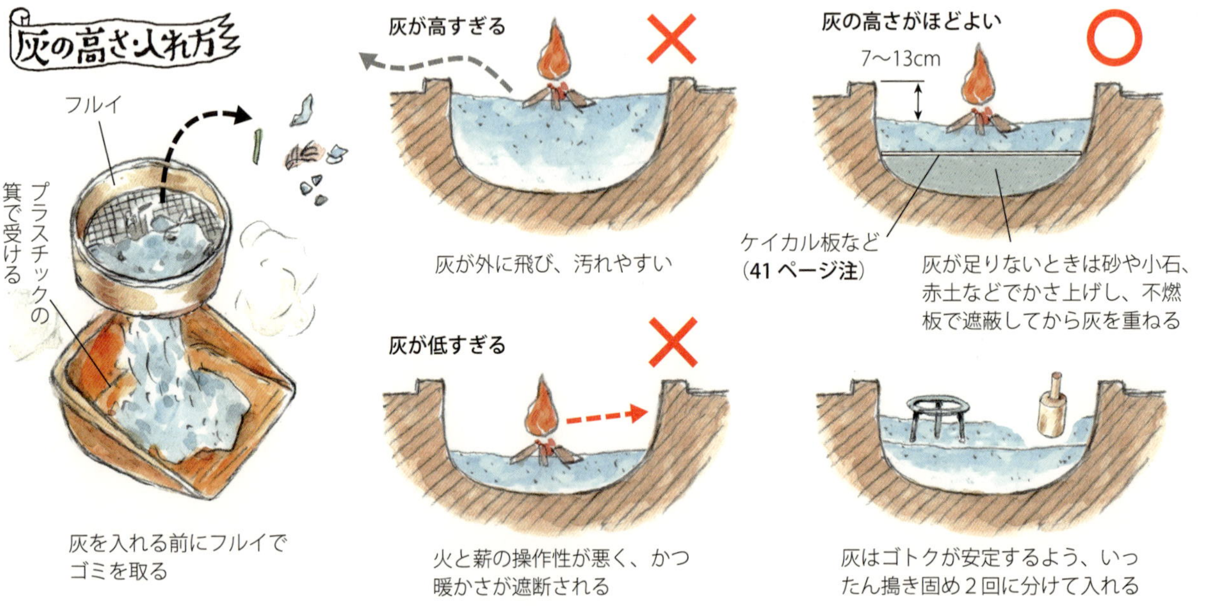
灰の高さ・入れ方
フルイ
プラスチックの箕で受ける
灰が高すぎる
灰の高さがほどよい
7～13cm
ケイカル板など
(41ページ注)
灰が低すぎる

灰を入れる前にフルイでゴミを取る

灰が外に飛び、汚れやすい

灰が足りないときは砂や小石、赤土などでかさ上げし、不燃板で遮蔽してから灰を重ねる

火と薪の操作性が悪く、かつ暖かさが遮断される

灰はゴトクが安定するよう、いったん搗き固め2回に分けて入れる

10 火棚をつくる

中央から自在カギを下ろす

火棚は囲炉裏の上部に天井からぶら下げる木枠である。中央に自在カギを抜いて下ろすように設置する。四隅に縄を掛けて梁や天井から吊るす。角材を井桁に組んだものが多く、板や竹を並べてすき間をふさいだものもある。

火棚は梁から縄で吊り下ろすことが多いが、建物の構造体に組み込んでつくる場合もある。アイヌの家（チセ）の囲炉裏には骨太で大きな火棚がつくられていて、寒冷地での火棚の重要性を物語っている（65 ページに詳細）。

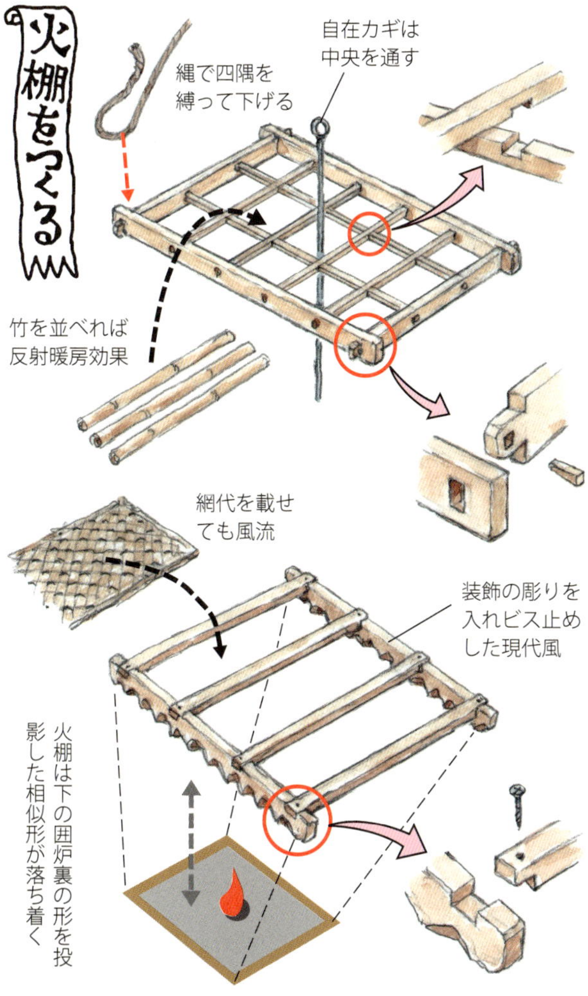

角材を井桁に組む

角材や小幅板をいく筋かの井桁に組んで正方形につくる。インテリアとして置く場合は細身の軽快なものでよいが、火棚にいろいろ掛けて乾かしたりする場合は太目の材で重量感のあるものをつくる。煙や熱の反射を期待するときは井桁のすき間に板や竹を並べる。これらは固定せず、様子を見ながらすき間を調整してもよい。

囲炉裏の大きさ

32 ページの図で示した通り、囲炉裏の内寸は大引により 820mm に制約されるが（実際は粘土の塗りしろがあるので 800mm くらい）、長手方向は根太を切断すればどこまでも大きくできる。が、実際に使いやすいのは 900 ～ 1000mm くらいで、これが自在カギとゴトクを２ウェイで併用するときの黄金律となる。

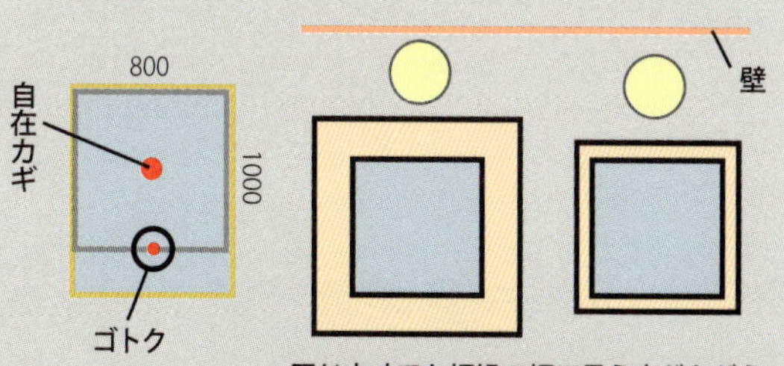

同じ内寸でも炉縁の幅で見え方がちがう。座席の奥行きにも注意

正方形の囲炉裏は 700 ～ 800mm 角が使いやすい。600mm 角も可愛くてよいが、炎の囲炉裏は熱量が高いので炉縁に石を用いるか、木の炉縁なら内側を石板などでガードする必要がある。ただし、炭だけを使う囲炉裏はこの限りではない。

同じ内寸でも炉縁の幅や内部の粘土の塗り方で表情は変わる。炉縁が狭ければ中は広く感じ、炉縁が広ければ狭く感じる。また、灰の深さが低いとより広く感じる。

炉縁が広ければ壁までの距離が短くなり、座席が狭くなることも考慮しなければならない。

11 自在カギ・火棚を吊るす

梁から吊るす

一般的に囲炉裏部屋は吹き抜けで梁が見えており、その梁に縄を結んでそこから自在カギや火棚を吊るせばよく、実際にそれが最良の方法である。縄は火で温まるので化学繊維の混入されたものは不可。ワラ縄では弱すぎる。麻縄がよい（ホームセンターで売っているマニラ麻でよい）。もしくは番線（太目の針金）を用いる。

丸太を渡して掛ける

さて、ちょうど吊るしたい場所に梁があればいいが、ズレているときは調整しなければならない。

その場合は二つの梁の間に細い丸太（スギ丸太が軽くてよい）を掛け、理想的な位置に丸太を固定してそこから自在カギや火棚を下ろす。

梁が高い、または曲がっている場合は、梁に縄を掛けて丸太を吊り、それに自在カギ・火棚をかける。

梁が１本しかない場合、梁から下ろした縄を丸太の一方に掛け、もう一方を下図のような丸穴の開いた板をつくって壁に止める。

いずれの場合もしならないスパンであれば太目の竹竿を用いることもできる。角材より丸太のほうがよいのは繊維を切断していないのでしなりにくいから。

天井の場合

天井に煙抜きの穴がなく天井板から直接下ろしたいときは、ヒートンなどの木ネジを直接打ってもよいが、４点止めなどで重さを分散させるようにする。根太天井の場合は根太に棒を掛け、板にビスを打つことは避ける（**33ページ中図**）。

各地の博物館や民家園、文化財住宅などで囲炉裏が再生されているのを見るが、実際に使われていない囲炉裏（もしくは使っていても長時間の実績がない）なので、自在カギの吊るし方が安直である。自在カギは重量がかかる囲炉裏の心臓部なので設置には十分注意されたい。

吊る高さ

自在カギは、カギに掛けた鍋や鉄瓶が炎に当たる操作性のよい高さに吊るす。

火棚は立って頭がぶつからず、かつ手で物を下げたり取ったりできる高さ（180 ～ 190cm）に水平に下げる（**120ページの写真**参照）。

自在カギを下げたい位置に梁がない場合は新たに横棒を掛け、調節する。写真は竹を使った例で、ロープはマニラ麻（8mm）を使用

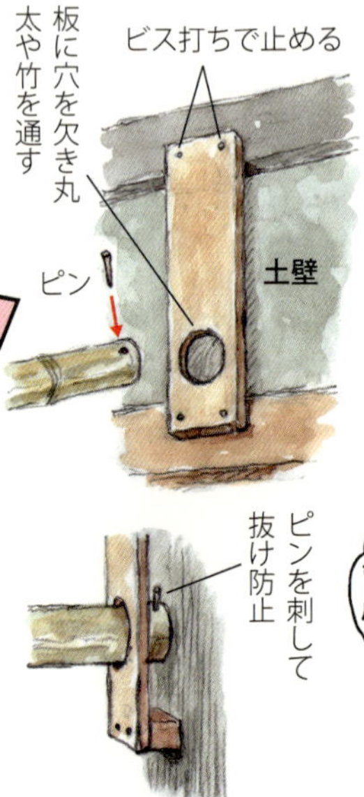

3章
囲炉裏の道具たち

炎の囲炉裏を現代に
蘇らせるのに必要な
様々な囲炉裏グッズ、アイテムを
解説し、その選び方、
使い方、入手法、つくり方
も詳述。

1 囲炉裏の道具とレイアウト

作例から

囲炉裏に必要な道具は「自在カギ」と「ワタシ」以外はキャンプや薪ストーブ用を流用することができるが、道具は囲炉裏の形や炉縁の大きさ、また台所や土間の位置から生じる動線、そして道具の組み合わせによって使い勝手は変わる。また、趣味的に使うのと生活で毎日使うのとでは、道具立ても当然変わってくる。炎の囲炉裏では薪の追加が頻繁になるので薪置き場の位置はとくに重要になる。

ここではまず２つの作例からそのレイアウトを紹介し、次に各道具を詳しく解説していこう。

囲炉裏１（再生）……古民家の床下に眠っていた囲炉裏を再生したもの。基礎をそのまま活かした長方形で、２種の太さの木をはめ込んで炉縁にし、背面の戸棚の下部を抜いて明かり窓をつけた。構造用合板にビニール系床材が張られていたものを剥がし、新たに畳（インシュレーションボード材）を敷いたが、１面だけ板敷きにして薪や道具置きスペースにしてある（**他の参考写真：4,14,19,25 左 ,38,41,117 ページ**）

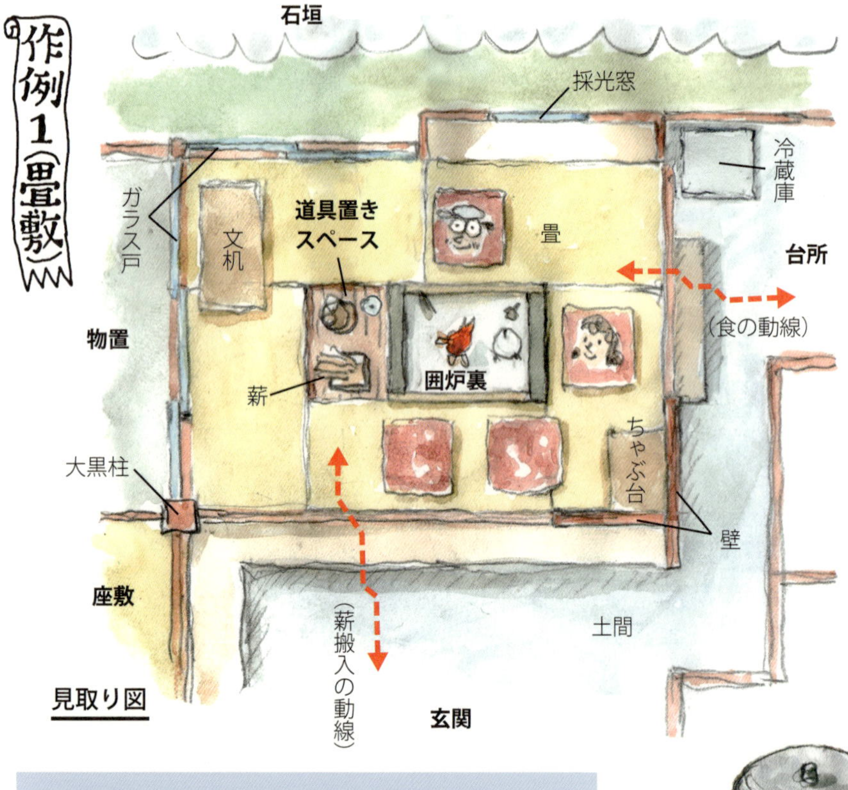

作例1（畳敷）
石垣
採光窓
冷蔵庫
ガラス戸
文机
道具置きスペース
畳
台所
（食の動線）
物置
薪
囲炉裏
ちゃぶ台
大黒柱
壁
座敷
土間
（薪搬入の動線）
見取り図
玄関

○土間に面したガラス戸は玄関側・台所側両方とも外して、寒い季節だけ戸を入れるか布を吊るして使う○道具置きスペースには様々な道具を吊るせる自作のスタンド、薪入れの箱、火消し壺などを置く○トングや灰ならし、ゴトクなどはつねに囲炉裏の中に立てかけておく

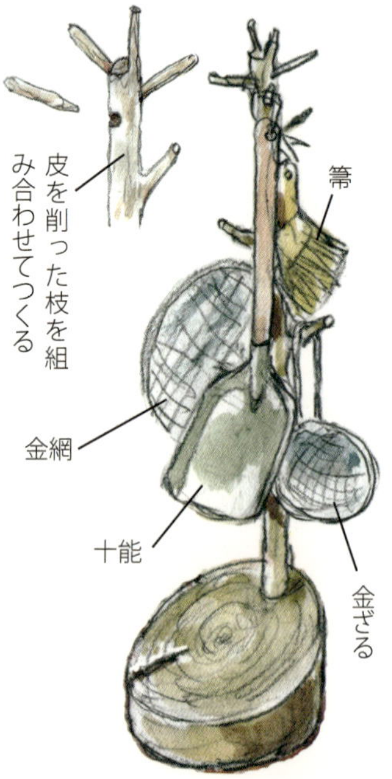

皮を削った枝を組み合わせてつくる
箒
金網
十能
金ざる

◀輪切り丸太と枝を使った「道具スタンド」

▶火消し壺（アルミ製）

▲薪入れ（銅製）

▼薪置きに便利な土間スペース

▲掘りごたつの穴の跡を利用した揚げ板式の食料庫

囲炉裏 2（新設）……元は合板フローリングにカーペット敷きのダイニングキッチンだったものを、床を剥がして根太を切断し、基礎から囲炉裏を新設したもの。形は正方形で炉縁は幅広のものを組んである。大引を切ってL型土間を開き、板張り床とした。通路スペースの拡張と薪置きのために囲炉裏の対角側の一隅は土間に抜いてある（**他の参考写真：16,25 右下 ,39,43,45,48,120 ページ**）

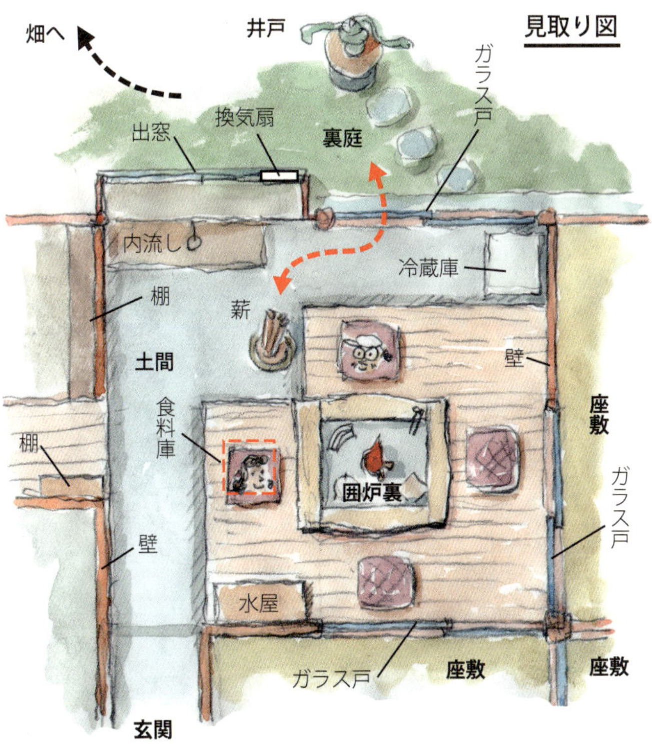

見取り図
畑へ
井戸
ガラス戸
出窓
換気扇
裏庭
内流し
冷蔵庫
棚
薪
土間
壁
座敷
食料庫
棚
囲炉裏
ガラス戸
壁
水屋
ガラス戸
座敷
座敷
玄関

○土間から裏庭へ続く開口部は元は壁であったものを改修してガラス戸をつけた。これで井戸が洗い物などに使え、台所兼用の囲炉裏部屋として機能的に○薪は土間置きになり、ここで簡単な薪割りもできる○使う頻度の少ないものは床下に収納する

主人の右手に薪置きがあるのが使いやすい♪
作例2（板敷）
床下にも収納できる
土間なので薪割りもできる

常時置きの道具たち

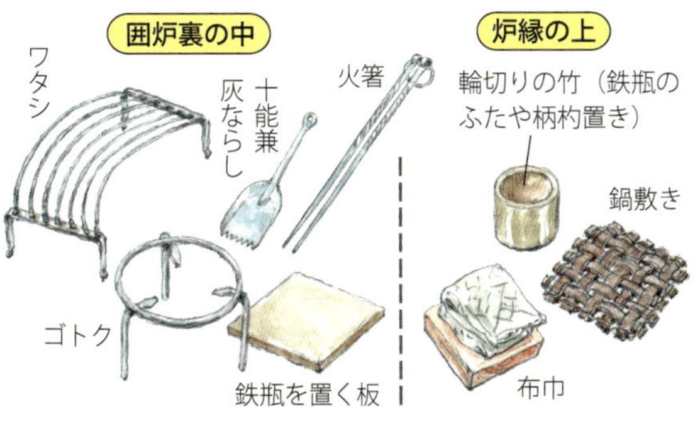

囲炉裏の中
ワタシ
十能兼灰ならし
火箸
ゴトク
鉄瓶を置く板
炉縁の上
輪切りの竹（鉄瓶のふたや柄杓置き）
鍋敷き
布巾

2 自在カギ

構造と種類

囲炉裏の心臓部といってもよい重要なアイテム。吊り鍋や鉄瓶をかけるカギを天井や梁から吊るして火にかける道具だが、フックや摩擦によりカギの位置を上下に変えることができる。掛ける鍋の下にゴトクや網がないので薪の操作性がよく、熱が奪われないので薪がよく燃え、煙が軽減される。

高さの調節は、横木を使って摩擦の原理で止めるものと、ノコギリ形のフックに掛け変える二つのタイプがある。前者にはさらに横木にカギ棒を通すものと、縄を通すものの二タイプがある。縄を使うタイプは「空《そら》カギ」（自在掛）と呼ばれる木製の大型フックを梁からぶら下げ、それに縄の自在カギを吊るす。

材質は竹の節を抜いて中通しにカギ棒が移動するものがよく知られている。商家などでは金属製の凝ったデザインが好まれたようだ。空カギから縄を吊るすタイプは北陸地方に多く、寒冷で竹の育たない地方では木製のノコギリ形が発達した。

入手法

自在カギは骨董的価値が高く、現在も古道具店やネットオークションなどでは高い値段で取引されているが、新品を製造販売する業者も出てきた。

自作することも可能であり、自分でデザインして鍛冶屋や鉄工所、鉄職人などに注文することもできるだろう。骨董市などで探す場合は、竹や木製の自然素材を用いたものは劣化していないか確かめる。横木を結

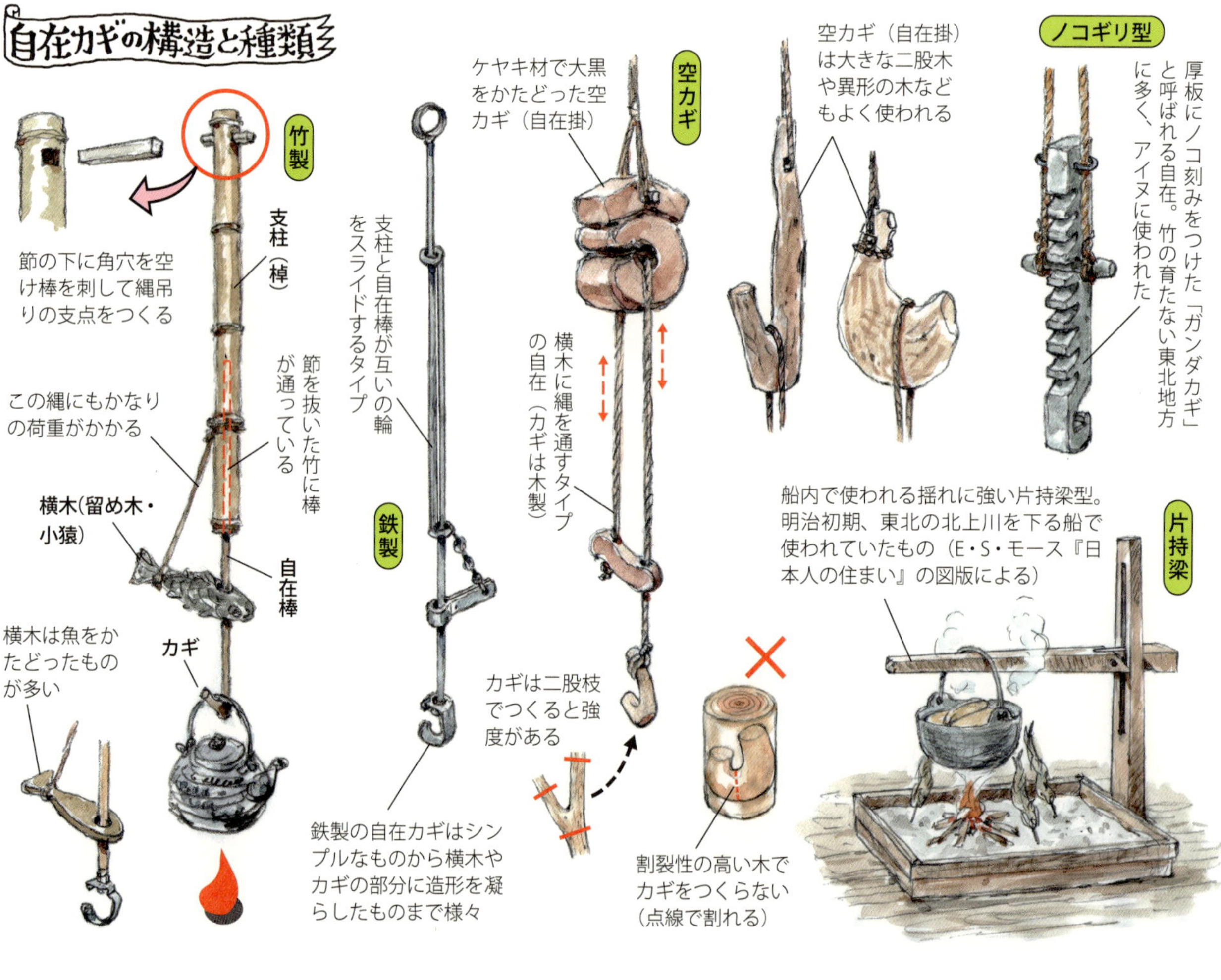

写真左：大型の自在カギ。竹の中通しタイプが普遍的だが、竹の育たない寒冷地では板を筒状にしたもの、丸太を割ってくり抜いた中通し型も見られる。**写真上左**：縄とノコギリ形のフック（木製）の自在カギ。**写真上右**：南部鋳物製、スライド式の自在カギ。様々なデザインが凝らしてある。いずれも岩手県「花巻歴史民俗資料館／収蔵庫」

ぶ縄などは、自分でしっかりしたものに付け替える必要があるかもしれない。無難なのは金属製だが、気に入ったデザインのものが見つかるまで、とりあえず空カギ型（縄自在）をつくって使うのもよいだろう（**138ページの写真**参照）。

自作するときの注意点

自在カギは火の真上に湯を掛ける装置であり、重い力がかかるだけに、自作するときは強度に十分注意してつくりたい。

まず、縄・ロープ類はナイロン製は熱に弱いので使わない（綿かマニラ麻がよい）。結び目にも十分注意する。支柱に竹を使う場合は、縄で吊る支点の穴は節のすぐ下につくると強い。穴の形は丸より四角のほうが割れにくい。小さな丸穴に細い針金を通したような吊り方だと、重量が掛かったとき竹が割けてしまう危険がある。同じように空カギ（自在掛）やカギには割れにくい木を使わない（前ページ図参照）。木製の自在棒には硬くて直材の採れるウメの枝がよく使われる。意匠的に削り出す空カギがケヤキ材なのは理由があり、ケヤキは臼に使われるのでもわかる通り、木の繊維が交錯した材で割れにくい材なのだ（カシ類などは硬くて重い木だが、案外割れやすい）。二股の木や枝の部分、あるいは瘤や節を含んだ異形の木などは、やはり繊維が通っているか交錯しているので割れに強く、空カギに好んで使われる。

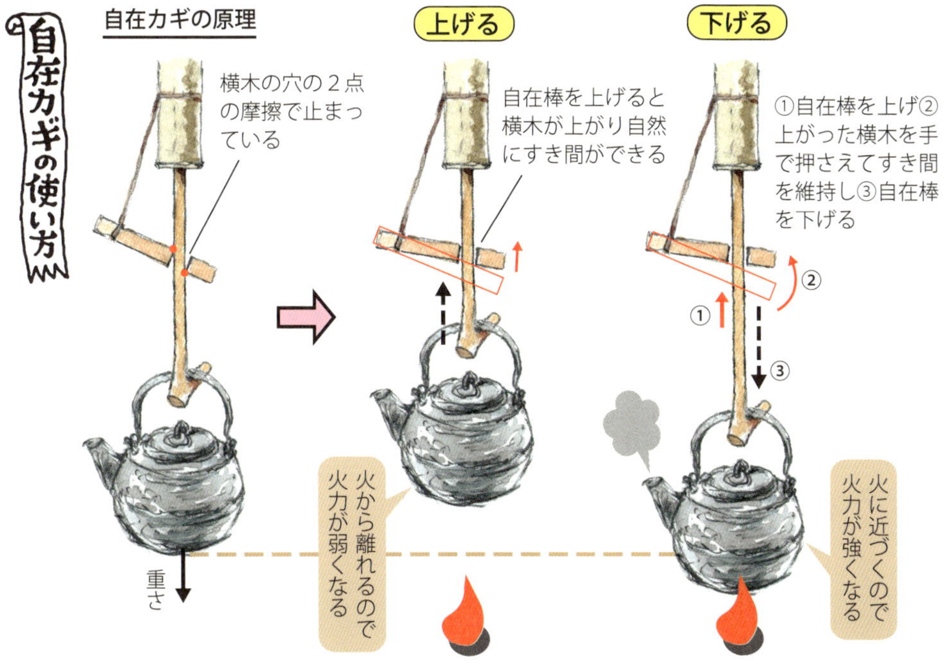

自在カギの使い方
自在カギの原理
横木の穴の２点の摩擦で止まっている
重さ
上げる
自在棒を上げると横木が上がり自然にすき間ができる
火から離れるので火力が弱くなる
下げる
①自在棒を上げ②上がった横木を手で押さえてすき間を維持し③自在棒を下げる
①
②
③
火に近づくので火力が強くなる

3 ゴトクとカナワ

形状と使い方

囲炉裏に鍋や鉄瓶を置くもう一つの道具がこのゴトクである。元々は炉の中に３個の石を置きその上に調理器具をのせたものが原型で、それが鉄に変わり輪がかけられたものと考えられる。

使い方は輪の上に鉄瓶、やかん、鍋をのせて湯を沸かす、あるいは調理する。吊り鍋をのせることもできるが、それ以外のふつうの片手鍋や、ご飯を炊く羽釜、フライパンや中華鍋なども使える。

ゴトクでの火力調節は薪や炭を操作して火勢を変えることで行なう。

自在カギをつけた囲炉裏にも一つゴトクを置いておくと便利である。自在カギと併用し、傍らにおいて保温調理をすることができる。また焼き網をかけて炭火を使えば焼き物ができる。使わないときは炉から取り去って仕舞っておいてもよい。

入手法

ゴトクはインターネットやホームセンターでも売られている。地方の金物屋に行くと今でも質実剛健な大小ものを廉価で買うことができる。骨董市でもよく出るし値段は安い（1000円以下）。

カナワと三つ爪

「鉄輪《カナワ》」と呼ばれる大きなゴトクもあり、脚は湾曲して広がり、安定するだけでなく薪がくべやすく、加重で沈まないように脚先につばがついている。

火鉢にもゴトクは必携の道具だが、こちらは輪のほうを灰の中に埋め、足（爪）のほうに鉄瓶を載せる「三つ爪」と呼ばれるタイプが一般的で、見栄えもいい。

ゴトク

輪の直径20cm、足の高さ20cm、囲炉裏では最も使いやすいサイズのゴトク。中に4cmほど腕が出ているので、内径15cmの鍋まで使用可能

左タイプの腕が出ているゴトクに羽釜を組み合わせるとすき間から炎がよく回りご飯が美味しく炊ける

カナワ
重量がかかっても灰に沈みにくいつば付き

ゴトクより足周りが大きいので鉄瓶や湯釜をのせても安定するし薪の操作性もよい

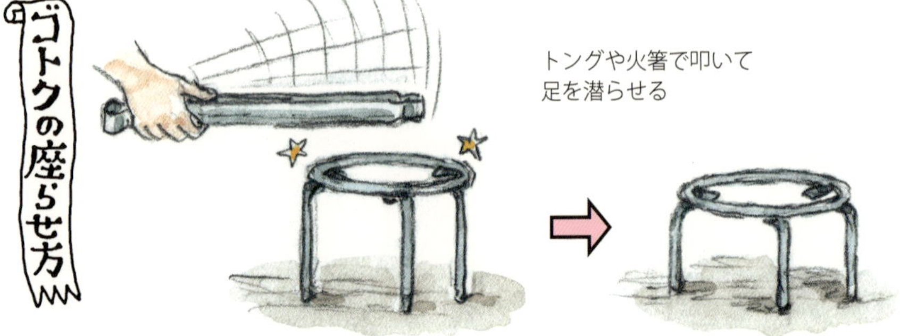
ゴトクの座らせ方
トングや火箸で叩いて足を潜らせる

三つ爪

火鉢（炭）用のゴトク「三つ爪」。馬蹄型の部分を灰に浅く埋め、爪のほうに鉄瓶を載せて使う

骨董市で囲炉裏道具を探す

群馬在住時代、囲炉裏道具を探しに古道具屋や骨董市によく出かけた。これまで、吊りカギ、鉄瓶、吊り鍋、箱火鉢、行火、マサカリなど、様々な囲炉裏・薪火グッズを購入した。骨董とはいえ、中にはデザインも優れ、十分使用に耐える廉価な掘り出し物もある。

骨董市では、売り手側はまさに骨董を売っているのだが、こちらは実用品として使うものを求めているわけで、そのへんのズレをうまく見極めて買い物をすることだ。

定期的に（毎月１回が多い）市が立つような場所では、できるだけ早い時間（早朝）に出かけたほうがよい。掘り出し物はやはりすぐに買われてしまう。また小雨の日などは、安く譲ってもらえることがある。売り手側も早く身軽になって店をたたみたいわけである。

とくに注意すべきは、鉄瓶、吊り鍋などを買う際の水漏れである。底に穴や修理痕はないか？　錆びたり薄くなっていないか？　よく見て購入しよう。

群馬や埼玉の山間部では、骨董市では民具や道具類の出る率が多いようである。一方で現在私が住む四国高松では骨董というと刀剣や壷、絵画、宝飾品が多く、道具類は非常に少ない。東と西の文化の違いなのかもしれない。

▼オススメの骨董市・店舗

神川町骨董市：埼玉県児玉郡神川町八日市 10-1 神川町・道のオアシス前／毎週日曜日 6:00 ～ 14:00（小雨決行）
http://www.kottouichi.jp/kamikawacho.htm

桐生天満宮古民具骨董市：群馬県桐生市天神町 1-2-1 桐生天満宮境内／毎月第１土曜日 7:00 ～ 16:00（雨天決行）
http://www.kottouichi.jp/kiryu.htm

北関東骨董長屋（古道具屋）：群馬県藤岡市神田／年中無休

※**骨董市サイト** http://www.kottouichi.jp/

▶桐生骨董市、中央の自在カギを購入

神川骨董市、大工道具・工具類も多数出る

▶鉄瓶とチョウナ（桐生）

▶ケヤキの空カギ・自在掛（桐生）

▶銅のやかんと箱火鉢（桐生）

▶旅先で出会った茨城の市

4 ワタシ

形状と使い方

弧を描いた金属製ストレート網様のもので、ゴトクと同じような左右に２本ずつ出た脚を灰に刺して使う。移動できるよう中央に把っ手が付いたものもあり、そちらは６本脚である。炎に近付けて刺し、餅やイモなどを焼くのに用いる。炎の上部で焼くと煤がつくが、炎の側面の熱を利用すればつかない。ワタシを使えば、この性質を利用して炎の周囲を広範囲に使うことができる。また、囲炉裏を燃やすうちに生成される熾炭をワタシの下に移動すれば、さらに速やかに炭火焼きができる。湾曲しているので薪の操作をじゃませず、自在カギ、ゴトクとともに囲炉裏暮らしには必携の重要アイテムである。

入手法

ワタシは生活用具で骨董価値がないため古道具屋で見かけることは少なく、あったとしても古錆びたものが多い。私は長らく探し続け見つからなかったが、あるとき秩父の金物屋で新品を売っているという店を友人から教えてもらい早速購入した（**右写真**）。ステンレス製で、主人の道楽で鉄工所に特注してつくらせたものとのことだった。

代用品と空き缶ゴトク

代用としては金網を曲げてつくることもできる。あるいは銅線や鉄板などを加工して自作することもできよう。空き缶を足にして金網をのせても同じことができる。空き缶（トマトの水煮缶のサイズ）のふたと底を抜き、円筒形にしたものを三つ用意し、縦に灰に深く埋めると三つ石状の脚ができる。また三つとも横に寝かせて使うと炭火からの距離を縮められる。重い鍋をのせるには不安定だが、網などをかけてパンや餅を焼くのに便利である。ゴトクでも同じことができそうだが、足が高すぎて火が遠くなってしまうし、臨機応変に移動ができないのが難。

ステレンレス製ワタシ：埼玉県秩父郡皆野町の金物店で 1,700 円で購入。現在は閉店のため入手不可

わたし

写真左：新潟県と長野県にまたがる秋山郷の囲炉裏に板状の鉄を使ったワタシ、２列把っ手付き（大阪府「国立民族学博物館」／移設展示）**写真上**：同じく３列把っ手なし（長野県「大桑村歴史民俗資料館」）

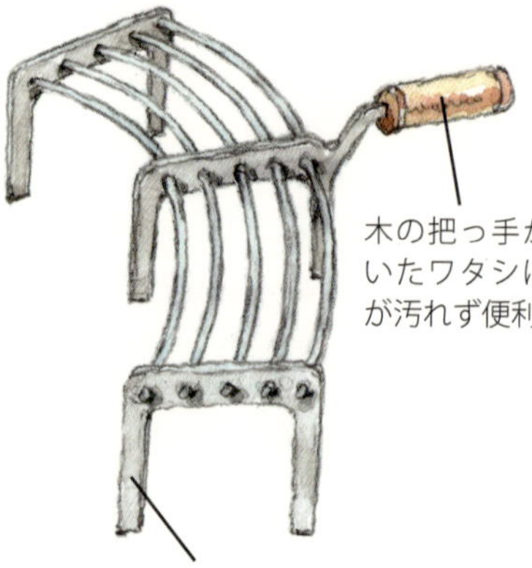
木の把っ手がついたワタシは手が汚れず便利
ワタシは炭焼きを前提にしているので足高は 10cm 以下と低い

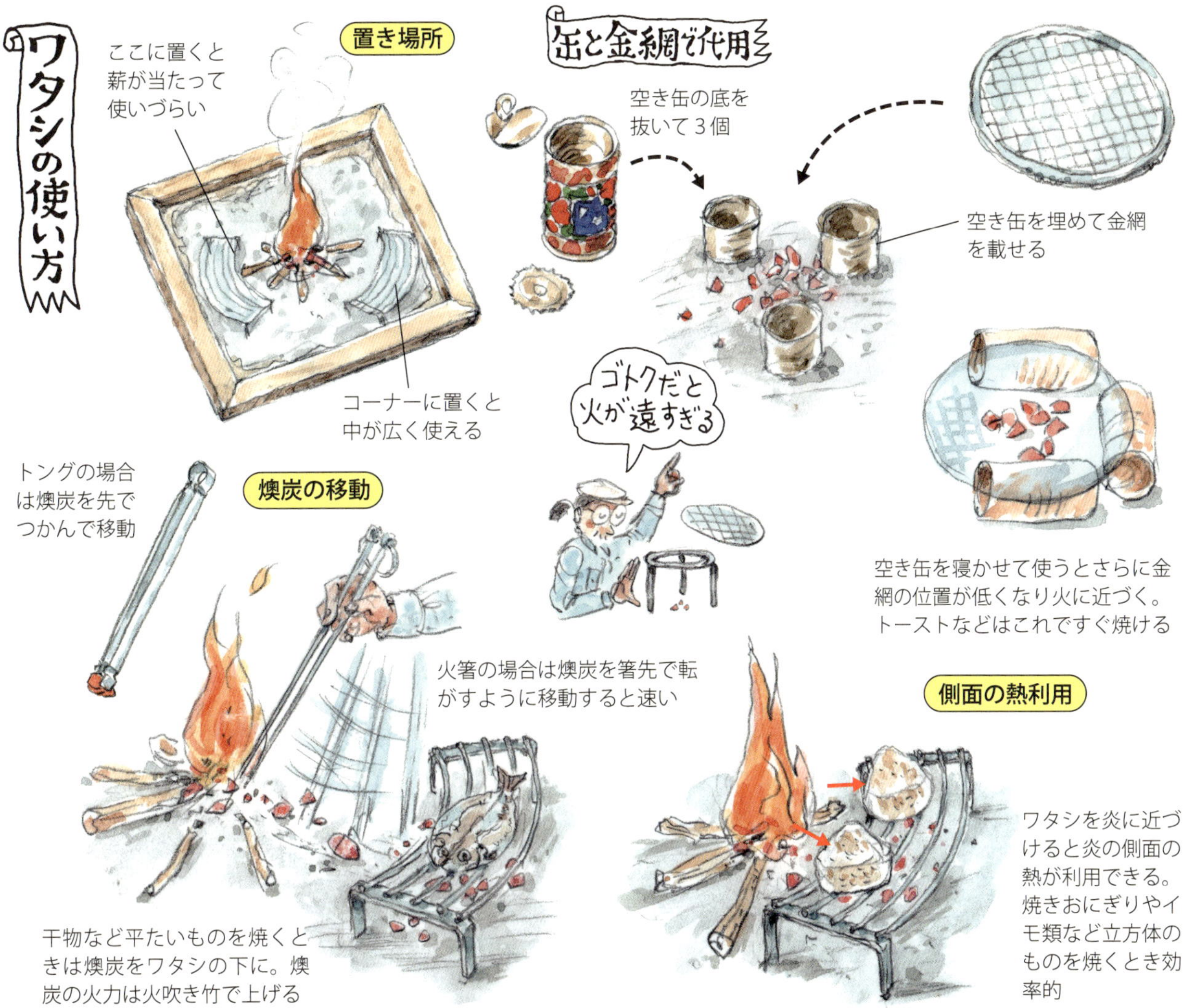
ワタシの使い方
置き場所
ここに置くと
薪が当たって
使いづらい
コーナーに置くと
中が広く使える
缶と金網で代用
空き缶の底を
抜いて３個
空き缶を埋めて金網
を載せる
ゴトクだと
火が遠すぎる
空き缶を寝かせて使うとさらに金
網の位置が低くなり火に近づく。
トーストなどはこれですぐ焼ける
熾炭の移動
トングの場合
は熾炭を先で
つかんで移動
火箸の場合は熾炭を箸先で転
がすように移動すると速い
干物など平たいものを焼くと
きは熾炭をワタシの下に。熾
炭の火力は火吹き竹で上げる
側面の熱利用
ワタシを炎に近づ
けると炎の側面の
熱が利用できる。
焼きおにぎりやイ
モ類など立方体の
ものを焼くとき効
率的

中の鉄棒を動かしてすき間を調整できる角形のワタシ。のせる鍋や焼き物の形や大きさに対応できる（奥飛騨福地温泉「昔ばなしの里」）

熾炭のやわらかな火は干物を焼くのにちょうどよい。写真はアユの一夜干し

5 吊り鍋

囲炉裏には必ず鍋・やかんを掛けておく

煮炊き・調理の用がなくても、囲炉裏の火がついているときは水を入れた鉄瓶か吊り鍋を掛けておく。炎が直接天井をあぶると火事の危険がある。何かを掛けておけば炎が散り、熱が奪われる。とくに自在カギの場合は空の状態で裸火を上げると、自在カギ自体が燃えたり傷んでしまう。

鉄瓶の代わりに鍋を通常掛けでも

通常掛けにはやはり鉄瓶が似合う。アルマイトやアルミ、ステンレスのやかんだと煤で真っ黒になるので見栄えがよくない。しかし囲炉裏用の大きな鉄瓶（鉄のやかん）は入手しにくくかつ高価なので、なければ吊り鍋に水を張ったものにふたをして吊り下げておくとよいと思う。

底が平らな鉄鍋で「ほうろく」と呼ばれる吊り鍋もあり、大家族の昔は煎り鍋にしたり、おやきをつくるときに便利であったが、現在はあまり使い道がない。ゴトクでフライパンを利用するほうが便利だ。

吊り鍋の種類と用途

吊り鍋はプロ用の厨房用具店に行くと今でも新品が売られているが、古道具屋や骨董市で中古品が廉価で手に入る。鉄製（鋳物）、アルミ製、アルマイト、銅製の四種類があり、それぞれ以下のような特徴がある。

1）鉄製（鋳物）……古くからもっともよく使われた吊り鍋で、色が黒いので煤けても違和感がない。底に三つ足が付いていて、鍋敷きを汚さない工夫がされている。

鉄鍋は溶け出す微量の鉄分が身体によいといわれて

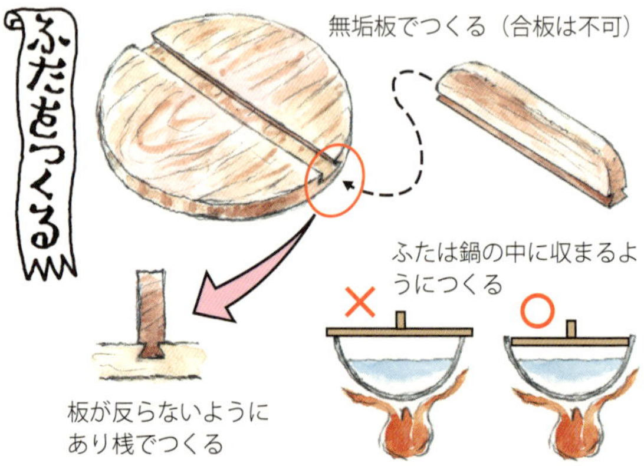

ふたをつくる
無垢板でつくる（合板は不可）
ふたは鍋の中に収まるようにつくる
×
○
板が反らないようにあり桟でつくる

吊り鍋の構造
鉄鍋
つるの形状
木製のふたを用いるのが一般的
三つ足が付いたもの（床置きしても煤汚れが付かない）
ほうろく
アルミ製はふたが止まる段がある
底が平たい鉄鍋。豆炒りやおやきを焼くときに使われた

アルマイトの吊り鍋は把っ手が寝てしまわないように番線で固定すると便利。底を毎日磨くのは大変だし摩耗もするので、煤のこびりつきが目立ち始めたら洗うようにする

いる。やや重量があるので大きなサイズは自在カギにかなりの重量がかかる（しっかりした自在カギを使うこと）。古いものは錆びていたり底が薄くなり穴が空いて修理の跡があったり、把っ手の付け根が傷んでいるものもあるので、古道具屋で選ぶとき気を付ける。使うときはサビに注意する。きちんと水気を拭いてから保管する。

2）アルミ製（鋳物）……厚みのあるアルミ製は軽いわりに熱伝導もよく、もっとも使いやすい。最初は煤跡が気になるが洗いを繰り返しているうちに煤が馴染んで貫禄が出てくるので、日常掛けておくのにもよい。

3）アルマイト製……もっとも軽い鍋で、サッと料理に使うときは便利である。煤の馴染みが悪く、スチールたわしを使うとメッキが禿げてしまう。通常掛けには重厚さに欠ける。

4）銅製……熱伝導がもっとも高く、銅イオンの効果で湯がき野菜の発色がよく、料理の内容物が焦げ付きにくい。料理には断然向くが、やや重く高価である。稀に古道具屋や骨董市でも昔の銅の吊り鍋を見かけるが、やはり高値がついている。

吊り鍋の使い方

ふだん使いでお湯を掛けておくときもふたをしておく。古道具屋や骨董市で買うとたいていふたが付いていないので、新たに購入するか木で自作する。あるいはアルマイトの業務用鍋のふたを使ってもいい。

湯を使うとき（お茶やコーヒーを飲むとき等）はやかんのような口がないのでカップなどで湯をすくわねばならない。キャンプ用のシェラカップを使うと便利である。

吊り鍋で料理中にかき混ぜたりするときは、自在カギごと振り子のように揺れやすいので、片手で把っ手をしっかり持ってやること。

洗い方

炎の囲炉裏を使っていると鍋底はすぐに煤で真っ黒になる。しかしそれを毎日頻繁に掃除していると大変なので、煤の層が厚ぼったくなったら洗う（２〜３日ごと）。最初スチールたわしでこすり、仕上げに亀の子たわしで洗う。

大きな鉄鍋は重いが、客人を迎えて多人数の料理をつくるときや、野菜類、タケノコなどを外で大量に煮たいとき便利

一斗缶利用の簡易カマドにのせたアルミ鋳物の鍋（ふたはスギ材で自作）。吊り鍋はよく火がまわり、把っ手が熱くならない

アルマイト鍋は軽く、サッと使うのに適している。菜箸で混ぜるときは、把っ手を持って手前に引き寄せる

6 鉄瓶

サイズに注意

鉄瓶は囲炉裏のふだん掛けにもっとも相応しい。ただし炎の囲炉裏に見合った大型のものを掛ける。火鉢で使うような小さなサイズのものを掛けるとバランスが悪いし、全体が火でくるまれてしまう。

入手法

かつて岩手の南部鉄器は、囲炉裏で使う大きなサイズの鉄瓶の需要が高かったのだが、囲炉裏の激減とともに現在では新品はほとんどつくられておらず、火鉢用の工芸的な鉄瓶や急須、あるいは茶釜が主流になってしまった。だから囲炉裏に似合う大型のものを入手するなら古道具屋や骨董市を探すのが早い。鉄瓶そっくりのデザインでアルミ製鋳物のものもたまに見かける。私は使ったことがないが、軽くて便利かもしれない。

使い方

鉄瓶は大きくて重いので傾けて注ぎ口から湯を出すのではなく、ふたを取って柄杓《ひしゃく》ですくうのがよい。シェラカップは入らないので茶道具用の柄杓が便利だ。竹や木で同じようなものを自作するとよい。

洗い方と保管の方法

購入した鉄瓶は七分目くらいに水を入れ、二～三度沸かし湯を捨ててから飲用に使い始める。鉄瓶は錆びやすいが、長く使い続けると内部の白い湯垢（ミネラル分による被膜）ができて錆びにくくなる。この湯垢を育てるために内部はたわしで洗うようなことはせず、ゆすぐ程度にする。

錆は中の湯が冷えきるときから始まるので、火を消してから次の火をおこすまでの時間が空くときは、最後に湯を切って内部を乾かしておく。しかし、暮らしの中で毎日囲炉裏を使う場合は、湯をかけっぱなしでもほとんど問題ない。囲炉裏の余熱と鉄瓶自身の保温で朝までに冷えきることがないからだ。それに多少錆びが出ても、水を入れ替えて使えば、湯の色や味が変わるほどのことはないようである。

外側の洗い方は吊り鍋に準じる。鉄瓶は灰の上に直接置くことは避けたほうがよい。灰が水分を含んでいるので錆を誘発しやすい。さりとて小さなゴトクやワタシの上では重く大きな鉄瓶は安定しない。灰の上に小板などを敷いてその上に置くとよい。

鉄瓶の形
側面がスカートのように広がる「尾垂れ」は炎から側面を保護する
把っ手が中空の「袋鉉《ふくろづる》」は手が熱くならない
囲炉裏の鉄瓶は重いので柄杓で湯を汲む
竹のふた置き
南部鉄瓶独特の「アラレ文様」は鉄瓶の表面積を増やし保温効果がある

竹柄杓をつくる

竹（モウソウダケ）と木（ニセアカシア）で自作した柄杓。持ち手に彫刻を施して

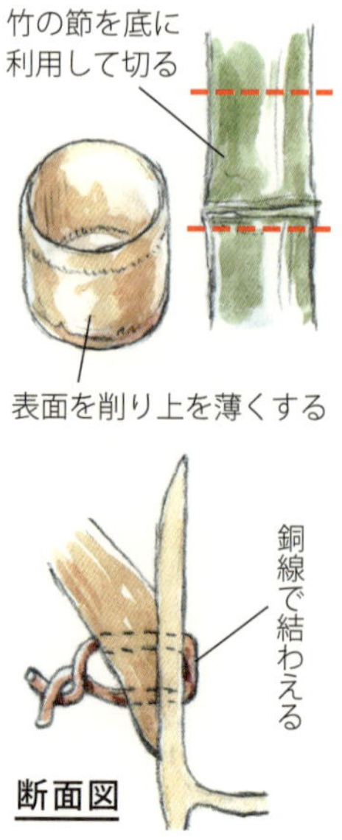
竹の節を底に利用して切る
表面を削り上を薄くする
銅線で結わえる
断面図

7 弁慶

用途と素材

ワラ筒に竹串を刺せるようにしたもので、梁や火棚からぶら下げ、炉端で焼き枯らした魚などを刺しておき、さらに薫製・乾燥させ保存食をつくる。

丸太に穴を空けて串が刺さるようにしたものもある。ワラでつくる場合は麦ワラや茅が丈夫で刺さった串が動きにくい。さらに竹の「六目網」を被せると頑丈で美しい。

「弁慶」の名称は我が身に矢を受け義経を守った「弁慶の立ち往生」に姿が似ていることから。

入手法

地方の民芸品店（竹やワラ製品を扱う店）で希に見かけることがあるが（※）、麦ワラが手に入れば簡単に自作することができる。

竹串は市販のものでは細すぎ、長さも足りないので自作したほうがよい（囲炉裏の灰に刺す串も同じ）。

※**有限会社 森茂八商店**……山形県鶴岡市本町２丁目 2-2
TEL.0235-22-2388 FAX.0235-25-2888
http://aramonoya.cart.fc2.com/
い草編み、竹六目など「弁慶」各種あり

◀ワラを竹の六目網で覆った弁慶。実際に炎を立てて使っている例。魚とヘビ（マムシ）の串刺しが薫乾されていた（宮城県白石市「木村家住宅」）

写真左：岩手県「花巻歴史民俗資料館」の弁慶。**写真右**：奥飛騨福地温泉「昔ばなしの里」の弁慶（囲炉裏全景は **17** ページ）

弁慶をつくる

マニラ麻のひも
麦ワラ
木の棒

細い麻ひも

①マニラ麻のひもに２本の木の棒を結わえる（左写真のようにひものよじれを開いて中に差し込む）②マニラ麻のひもを中心に抱くように麦ワラを束ね、細い麻ひもでぐるぐる巻きにして止める

③ワラの上下を写真のように切り揃える（全体の長さは 30cm、太さは 7cm くらいが使いやすい）

木の弁慶

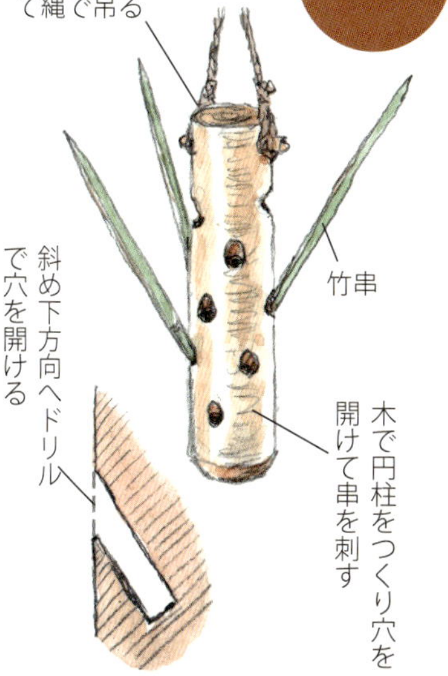
横棒を通して縄で吊る
竹串
斜め下方向へドリルで穴を開ける
木で円柱をつくり穴を開けて串を刺す

8 火吹き竹

用途と使い方

口で吹いて火勢を上がらせるための道具。竹でつくるのが一般的。囲炉裏の火が消えそうになったとき、あるいは消えたとき、火吹き竹を使ってくすぶる薪火の中心に向かって空気を送ると、燠炭が赤く発光して再び炎が立つ。炎が安定しているときでも、料理中に強火が欲しいとき、火吹き竹で火勢を上げることができる。灰が飛ばないように、ピンポイントで吹くのがコツ。

作り方

内径 3.5 ～ 5cm ほどの竹を末端に節を残して切り、節の中央に直径 2mm 程の小穴を空けて、圧縮された空気が勢いよく出るようにする（中に節があればそれは抜くようにする）。節に空ける穴のサイズが重要で、大きすぎては息がすかすかになり勢いが出ず、小さすぎては吹き込む息が苦しくなる。キリと切り出しナイフを使って、様子を見ながら少しずつ大きくしていくのがコツ。竹はマダケでもモウソウチクでもよい。

囲炉裏では長さ 40 ～ 50cm が使いやすい。竹は秋～冬の時期に伐ると虫が食わず長持ちする。また油抜き（※）の処理をしておくとよい。

※**油抜き**……竹は表面に油分があるのでそのままだと内部の水分が表に出られず内側に虫食いやカビが出やすい。火であぶると油がにじんでくるのでそれを拭き取ることで油が抜け、やがて竹の表面はツヤのある黄色に落ち着き、水分も全体から抜けやすくなる。伐ったばかりの竹は水分が多すぎるので、2 ～ 3 週間陰干ししたものを用いる

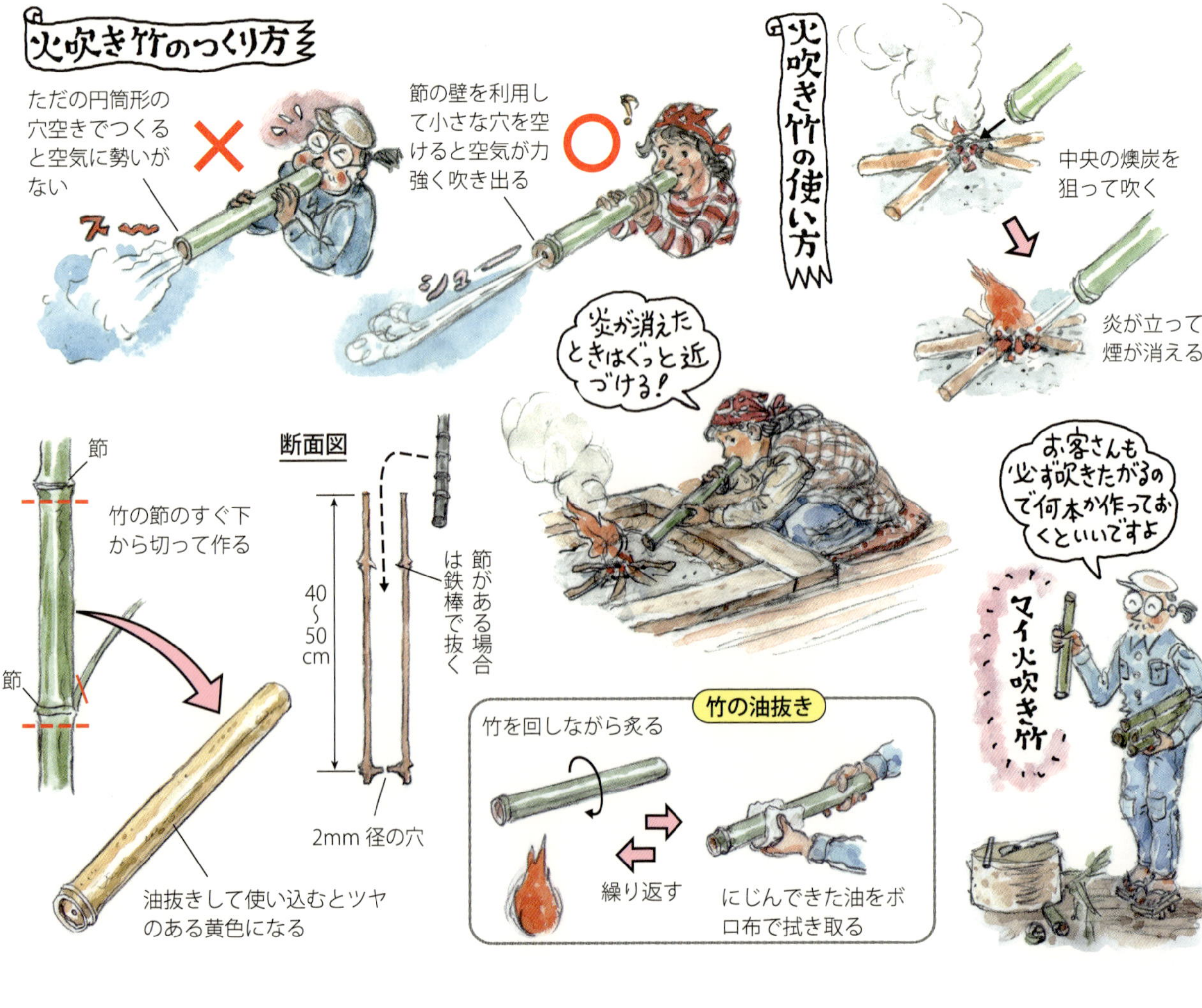

※使い方の詳細は78ページ

9 火消し壺

素材と使い方

これも囲炉裏暮らしには必ず欲しいアイテム。鋳物鉄やアルミ製、陶製のものが売られている。囲炉裏で自然にできる熾炭はそのまま放置すれば燃え尽きて灰になってしまうが、取り出して火消し壺に入れ、ふたをすれば消え、保存できる。たくさん溜まったらビニール袋に入れて保存しておけば、冬の火鉢などに使える。金属製のものは持ち手が付けられる穴があるので、太目の針金などでつくっておくと、熱いまま持ち運べて便利である。

入手法と代用品

最近はネットやホームセンターなどでも新品が販売されている。古道具屋や骨董市でもよく見かける。古い鍋や金属製の菓子缶などでも代用できる。ふたをすれば炭の火は消える。ただし足がない。そのまま直置きすると床が焦げるので注意。

陶器製の火消し壺

アルミ製の火消し壺。針金で持ち手をつくり、持ち運びできるようにしてある

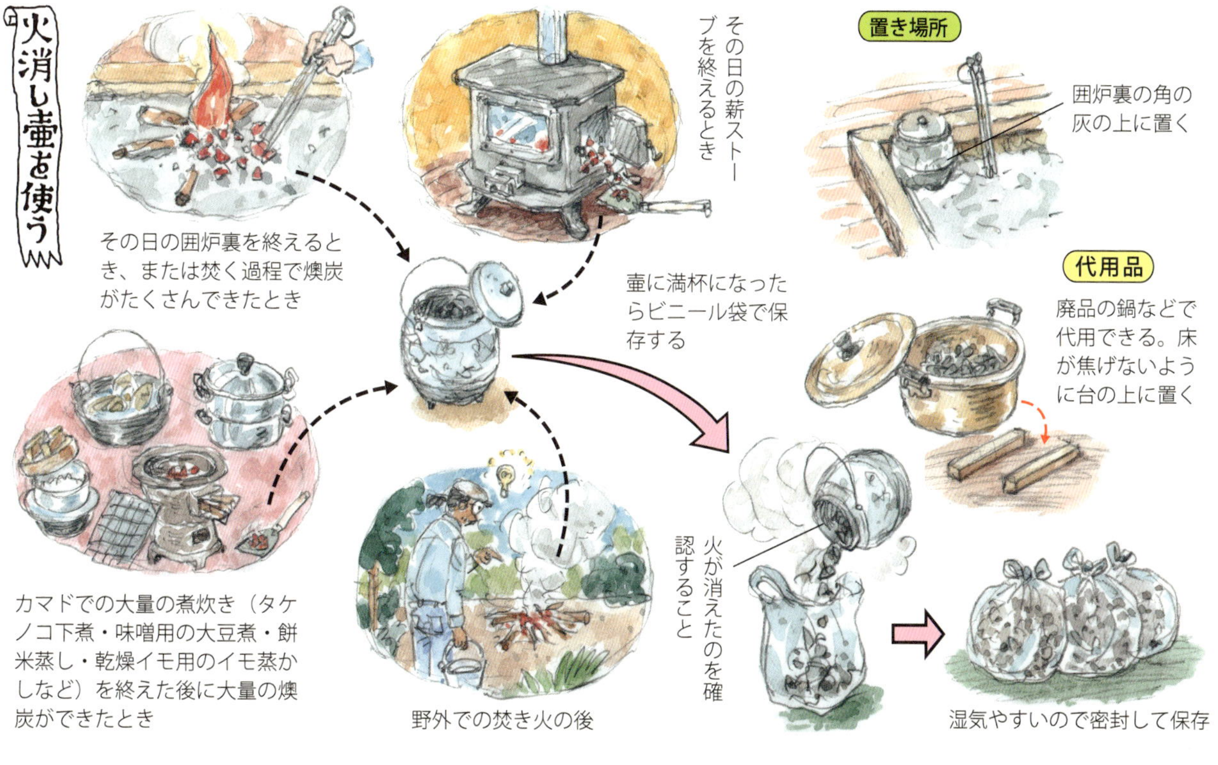

火消し壺を使う
その日の囲炉裏を終えるとき、または焚く過程で熾炭がたくさんできたとき
その日の薪ストーブを終えるとき
置き場所
囲炉裏の角の灰の上に置く
壺に満杯になったらビニール袋で保存する
代用品
廃品の鍋などで代用できる。床が焦げないように台の上に置く
カマドでの大量の煮炊き（タケノコ下煮・味噌用の大豆煮・餅米蒸し・乾燥イモ用のイモ蒸かしなど）を終えた後に大量の熾炭ができたとき
野外での焚き火の後
火が消えたのを確認すること
湿気やすいので密封して保存

10 火箸とトング（火ばさみ）

火箸が囲炉裏によく似合う

火箸は火のついた薪や炭を移すための道具、金属製の箸である。薪火の扱いにはトング（火ばさみ）が使われることが多いが、火箸は日本らしい道具であり、囲炉裏にもよく似合う。

火箸は火鉢を使うときにも欠かせない道具だが、囲炉裏では座位置から火までの距離が遠いのと、炭だけでなくやや重量のある薪を動かす必要があるため、やや長いもの（40 ～ 45cm）が必要となる。火を扱うので金属製だが、持ち重りがして使いにくいので持ち手の部分だけ木製のもの、あるいは鍛冶仕事で中が空洞のものなどがつくられている。茶道具として真鍮に彫金を施した工芸的な高価なものがネットで購入できる一方、廉価で落ち着いたデザインの実用品はほとんど見当たらない。私は鉄工所の職人さんにつくってもらったステンレス製を愛用している。

トングは軽く使いやすい

トングはホームセンターで入手でき、値段も安く、軽くて使いやすい。薪や炭を移動するためには最適の道具で、箸を扱えない西洋人は料理にもトングを多用する。大小・形状も様々な物が市販されているが、囲炉裏には一般的な直線状の 40cm 前後のものが便利で使いやすい。料理用の小さなトングもいろいろな形状で薪火の操作に使えそうなものもある（**下図**）。

ただしトングはつかむのは得意だが、箸ほど繊細な作業はできない。また、熾炭を転がして移動するような作業は火箸のほうが勝る。

トングは囲炉裏の内部に置くとき炉縁の角を傷付けやすいので注意する。

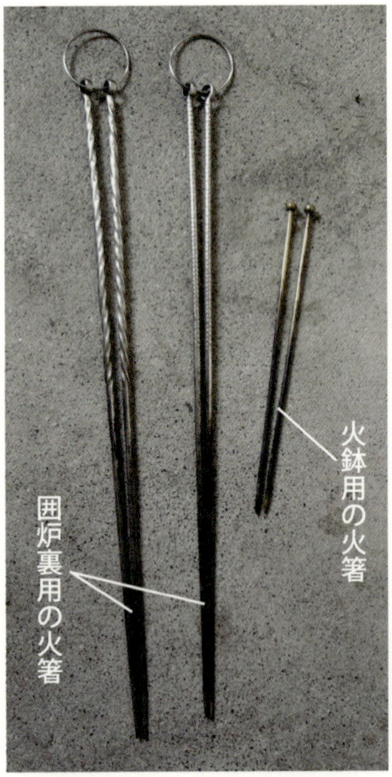

火鉢用の火箸
囲炉裏用の火箸

囲炉裏用はステンレス製の特注品で長さ 50cm、繋いでいる鉄輪は直径 5.5cm。火鉢用は骨董市で入手した真鍮製で 25.5cm、もっとも短いサイズ

持ち手部分に滑り止めを兼ねた意匠が凝らしてある。輪は大きめでないと箸として操作性が悪い

滑り止めに丸い頭が埋め込まれている。シンプルなデザインだが軽くて使いやすい

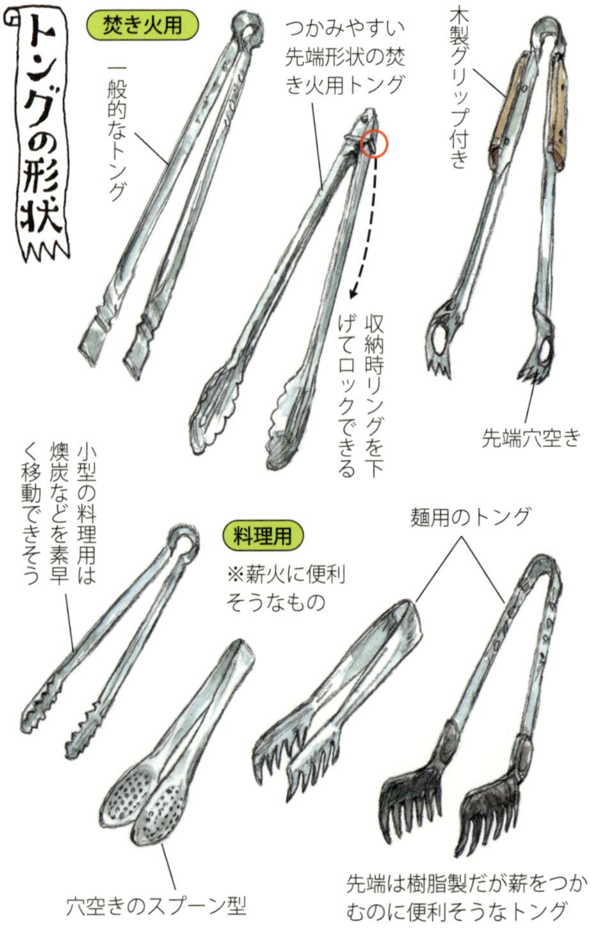

トングの形状
焚き火用
一般的なトング
つかみやすい先端形状の焚き火用トング
収納時リングを下げてロックできる
木製グリップ付き
先端穴空き
料理用
※薪火に便利そうなもの
小型の料理用は熾炭などを素早く移動できそう
麺用のトング
穴空きのスプーン型
先端は樹脂製だが薪をつかむのに便利そうなトング

アイヌの囲炉裏

アイヌの住居「チセ」は丸太の掘っ立て柱に、カヤ・アシ・ササ・樹皮などで壁や屋根を掛けた簡素なワンルームだが、中央には大きな長方形の囲炉裏「アペオイ」が設けられている。冬の寒さをしのぐためにそれは当然のこと。しかしそれだけではなく「火の神」の寝床をつくる、という精神的にも重要な意味があった。

アペオイの上部は、梁に縛って下ろされた四本の吊りカギに丸太が交差し、四角の枠が空に浮いている。その中央にやや太目の丸太（両端に舟の舳先のような彫りが施されている）が縛られ、下げられている。自在カギはその丸太に掛けられているのだが、類を見ない独特の形状だ。岩手にもみられるノコギリ型だが、曲げ木でつくられた吊り部が、レールのように横にも移動できるのだ。空きスペースにはもう一つ吊りカギを置いて調理に使ったり、保存用のサケなどを吊り下げた。

四角の枠はもちろん火棚になり、燃えにくいオニガヤを編んだものがのせられる。火棚としては本州のものより大きく位置が低い（梁の上に二重に掛ける場合もある）。茅葺き屋根への類焼を防ぐためと、反射熱による暖房効果もこのほうが優れている。

アペオイの床は基本的に地炉だが、一度掘り込んで落ち葉を厚く敷き、上に砂利、乾いた砂の順に敷き詰め、その上に灰がのせられた。灰床と座面との高低差があまりないので温かく、また夏でも火を絶やすことがなく、地面や室内の木部が蓄熱され、冬でもチセの内部は過ごしやすかったという。

炉縁の両隅には皮付きの丸太が埋められ、男たちはここを台座に暇さえあれば彫刻をしていた。昼間はおばあさんが炉縁に糸巻きを立て、糸よりをしながら火の番をしていたそうである。

可働部
スワッ【自在カギ】：ノコギリ型だが、曲げ木で吊り部をつくり、横にも移動できる
ラッチャコ【灯明台】：ホタテの貝殻に魚油を入れ明かりを灯した
炉縁の角に埋められた丸太は彫刻用の作業台

参考：萱野茂二風谷アイヌ資料館（北海道沙流郡平取町）

11 灰ならしと十能

灰ならしの用途・使い方

囲炉裏を使っていると灰床が凸凹してくる。それを平らにならすのに火箸やトングよりも能率のよい大きめのヘラのようなものが欲しくなってくる。その機能を満たすのが灰ならしである。

先端がギザギザになっており、それで灰を掻きならしているとゴミ（木片や食べこぼし、消えた熾炭など）が浮かんでくる。それを火箸やトングではさみ、火の中へ投入して燃やしてしまう。すると、いつも滑らかで清浄な灰床が保たれる。灰ならしは囲炉裏の掃除道具でもある。

素材と形状

金属製のものが多いが、**下写真**のように木製のものもある。火鉢を使うときにも欠かせない道具だが、囲炉裏の場合はやや大型のものが似合う。私はホームセンターで売っている小型の十能（小型のスコップ状のもの）に自分でギザギザの切れ目を加工して使っている。十能の役割も果たしてくれて便利である。

灰模様を描く

ギザギザの部分を使って灰に文様を描くこともできる。灰模様は主に炭を使った座敷の囲炉裏で行なわれたアートだが、囲炉裏が初めての客人を迎えるときなど施しておくと大いに受けること必定である。

十能

小型のスコップ状のもので、増え過ぎた灰をすくったり、燠炭を移動したりするときに使う。たとえば囲炉裏や薪ストーブの燠炭を火鉢に移動したりするとき、十能があると一度にたくさん移動できて便利である。金物屋、ホームセンターで大小のものが廉価で売られている。

針金と縄でつくられた灰ならし

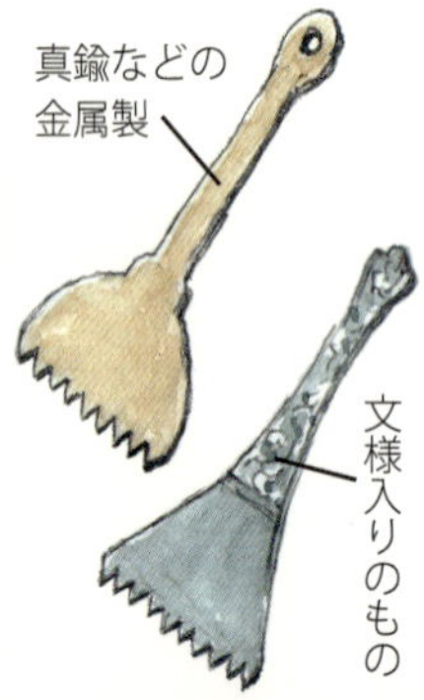
真鍮などの
金属製
文様入りのもの

▶小十能（全長27cm）の先に自作で刻みを入れ「灰ならし」を兼用に

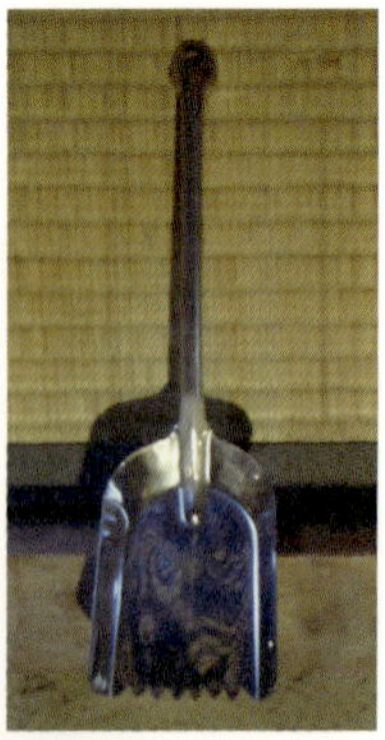

十能のサイズと使い方
十能・大（全長54cm）木柄
十能・中（全長44cm）共柄
火の付いた燠
炭の移動には
（大）を使う

アイヌの灰ならし「アペキライ」（木製／カエデ材）と、それで描かれた灰模様。囲炉裏は「火の神様」の寝床であり座る場所でもあるので、炉の中をいつも柔らかくして掃除しておく（北海道平取町「萱野茂二風谷アイヌ資料館」）

12 その他の小物

灰フルイ

囲炉裏を長く使っていると灰ならしだけでは取りきれないゴミが灰に多数混入してくる。小さなフルイでときどき灰を掃除すると気持ちがよい。調理用の把っ手付きの金ザル（やや深めのもの）が便利である。

薪入れ

当座、使うぶんの薪を入れておく箱があると便利だ。竹かごでは薪に付いた土などが落ちるので木製か金属製の箱がよい。

膳と台

囲炉裏での食事の際、炉縁にのりきらない皿をのせるための小さなお膳や台があると便利である。スギ板など軽い素材でつくり、ふだんは立てかけて収納しておくと囲炉裏まわりがスッキリしてよい。

▶灰フルイは調理用の金ザルが便利。やや深めのものが使いやすい

座布団と円座

板の間の囲炉裏部屋では座布団よりも「円座」がよく使われた。内部に空気をたっぷり含んだ新しい座布団は、燠炭などが爆ぜて落下したとき、焼けこげで穴が空くだけでなく、知らずに放置しておくと燃え広がることがある。

その点、イグサでつくられた円座は安全である（焼けこげは付くが類焼はない）。最近はインターネットなどで本物のイグサを使った円座も売られているようだ（価格は 4,000 ～ 6,000 円）。

小箒

手のひら大の小さな小さな箒（炉縁箒とも呼ばれる）があると便利である。炉縁や床に飛んだ灰などを掃除する。

布巾と雑巾

囲炉裏の床と炉縁を拭くのに欠かせない。雑巾は衣類のボロを捨てずにつくる。布巾もさらしを購入して刺し子などを施すと楽しい（拭き掃除のコツは **81 ページ**参照）

「円座」は防火、掃除のしやすさからよく見られる（福井県「一乗谷復原武家屋敷」）

コーヒーポット、醤油さしなど、炉縁に登場しやすい器は色彩や形の調和を考えて選ぼう

さらしに刺し子を施した布巾（写真のパターンは「十字花刺し」）

西洋の自在カギ

燃料革命によって薪火による囲炉裏やカマドが駆逐された日本だが、西洋では薪火といえば暖炉であり、そこで調理をしたのであった。西洋は石の建築が多いので壁際で大きな火を焚けるし、煙突で煙を抜くことができた。

暖炉での調理は、鋳物の「薪のせ台」に肉の焼き串を掛けたり、鎖の自在カギ（ポットハンガー）で鍋を吊ったりした。しかし、暖炉は灰床がないので、薪火の繊細な操作が難しく、小さな火を維持できる構造ではない。なにより北の国では照明と暖房のために大きな火を維持し続ける必要があり、料理のたびに炎を調節するのは都合が悪い。そこで上下だけでなく、前後左右にも移動できるアーム（クレーン）型の自在カギが求められた。

日本の木造建築では自在カギを吊るすのにちょうどいい梁があるが、暖炉の上には煙突の空間があるばかりで自在カギを掛けにくいこともあり、炉の壁の取り付け具を軸にして片持ち梁のアームが動き、それにノコギリ型の鉄製の自在カギをぶら下げるものから、ハンドルが付いた複雑な構造のものまでが発達したのである。

そのデザインは大仰に過ぎると思われるが、暖炉では煙突掃除を怠ると、内壁にへばりついた煤が落ちて危ない事故も多かった。だから、できるだけ火から離れたところで操作したいという欲求もあった。事実、西洋ではスプーンやへら、フライパン、穴しゃくし、ホットサンドをつくるようなはさみ具まで、柄の長い道具がたくさんある。料理している間に火傷をしないようにという配慮から生まれたものだ。

それにしても、暖炉で大きな火を維持し続けるには潤沢な薪が必要であり、麦作と牧畜のために森を切り拓いた——森林破壊の副産物としての——薪がなければ、このような装置は生まれ得なかったのではないか。その意味でも日本の囲炉裏はすばらしいと思うのだ。

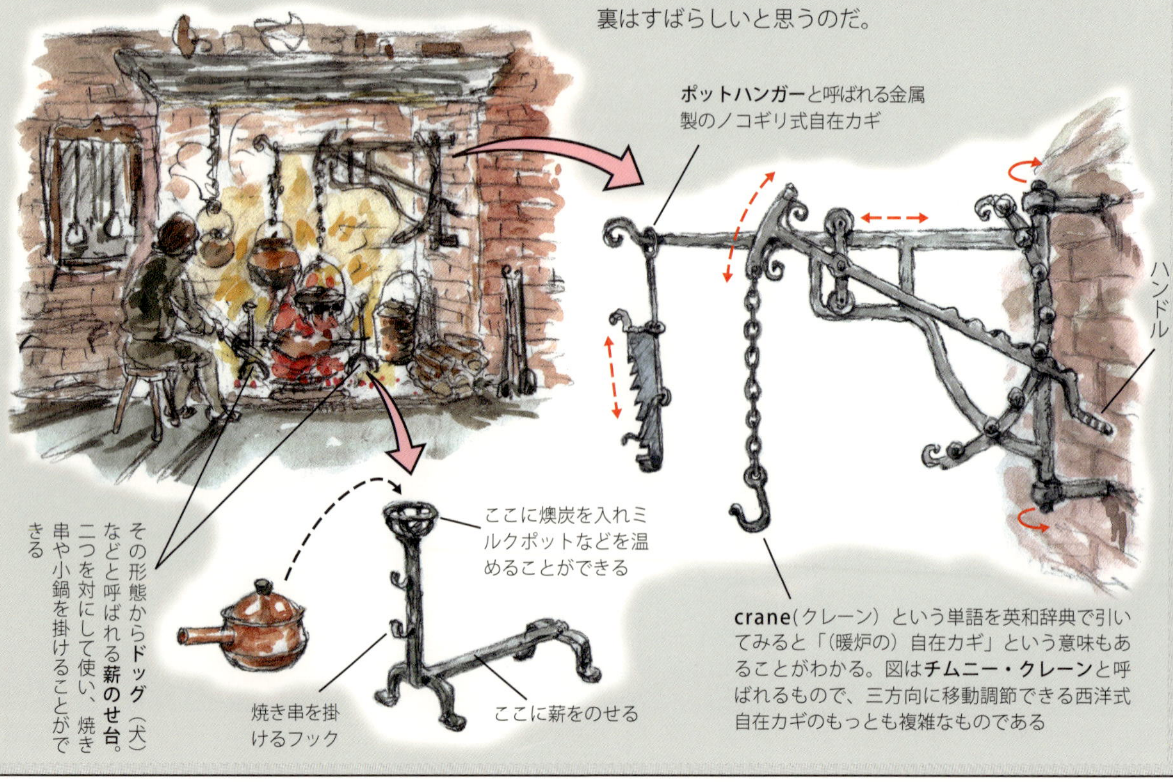

ポットハンガーと呼ばれる金属製のノコギリ式自在カギ
ハンドル
その形態から**ドッグ**（犬）などと呼ばれる**薪のせ台**。二つを対にして使い、焼き串や小鍋を掛けることができる
ここに燠炭を入れミルクポットなどを温めることができる
焼き串を掛けるフック
ここに薪をのせる
crane(クレーン）という単語を英和辞典で引いてみると「（暖炉の）自在カギ」という意味もあることがわかる。図は**チムニー・クレーン**と呼ばれるもので、三方向に移動調節できる西洋式自在カギのもっとも複雑なものである

参考：ローレンス・ライト『煖房の文化史』（八坂書房 2003）、ジョン・セイモア『図説 イギリス 手づくり生活誌』（東洋書林 2002）

4章
囲炉裏を使う

暮らしの中で実際に
囲炉裏を使うためのノウハウ編。
準備から着火、火の維持、
様々な種類の薪の燃やし方、
消し方、種火の維持の方法など。
灰と熾炭の解説や
囲炉裏に使うための
薪のつくり方なども詳述。

1 囲炉裏の本質は「炎」

冷えた灰と自在カギ

いま囲炉裏は炭を使う人が多い。各地の囲炉裏を取材してみるとほとんどが炭使いである。いや、炭でも火を入れていればまだいいほうで、飾り物になった冷えきった囲炉裏を数多く見かける。

茅葺きの重要文化財住宅では、文化庁の担当者から「できるだけ囲炉裏に火を入れて屋根を長保ちさせてほしい」と指導されるそうだが、管理している人が薪火を扱えないために実行できなかったり、やってみたが煙をもうもうと立てて、あまりに煙くて止めてしまったという笑えない話もある。

炭の囲炉裏ではたいてい自在カギがお飾りになっている。炭は「焼き物料理」が得意なので自在カギはあまり使わないし、実用的にはむしろじゃまになる。囲炉裏の自在カギの佇まいを見れば、どの程度の薪火の暮らしをしているか瞬時にわかってしまう。自在カギは本来炎を立てる囲炉裏のものである。

使われていない囲炉裏は灰が汚い。使わないと灰は湿気を吸う、ホコリやゴミがつく。それが当たり前だと思うと、今度は囲炉裏の中にタバコの吸い殻が入っていたり、紙ゴミやマッチの軸が入っていても何とも思わなくなる。灰床は清浄で美しくあるべきで、昔から囲炉裏灰にゴミを入れることや燃やすことは、きびしく戒められていた。

法師温泉で本物の囲炉裏に出会う

山暮らしを始めるまでに、いくつかの場所で炭の囲炉裏を経験した。それはそれで楽しい体験であったが、惹かれるような魅力は感じなかった。炭の囲炉裏はいわば大型の火鉢のようなもので、火鉢なら東京の暮らしで実際に使っていたからである。しかし山暮らしを始めて半年ほど経ったある日、群馬のみなかみ町の山奥にある法師温泉で、本物の炎立つ囲炉裏を見てしまったのだ。

使い込まれた重厚な自在カギにアラレ（突起模様）の美しい南部鉄瓶がかかっていた。太目の薪が入れてあり、チロチロした炎が消えかけ、少しいぶり始めたが、宿の人が薪の形を整え直し、火ばさみで燠を叩き灰床を掘るとまたポッと炎が立った。そして竹柄杓でお茶をいれてくれた。よく乾燥された広葉樹の薪のようで、その香りもすばらしいものだった。ああ、これ

法師温泉は三国峠に近い標高 800m にある秘湯で、一軒宿の「長寿館」に湯底の玉石の間から湧出する混浴の大浴場がある。建物３棟が「国登録有形文化財」に指定され、旧館の囲炉裏は今も山の暮らしの姿をとどめている（写真左右とも）

◀板の間にゴザ敷き。炉縁が細く狭いが、これが山村囲炉裏本来の姿

ぞ囲炉裏だ！……と思った。炎の囲炉裏は炭のものに比べ力強く、暖かく、明るかった。炎を使うことで囲炉裏はその姿に強固で美しいまとまりをみせる。囲炉裏の本質は「炎」なのである。

囲炉裏は「灰床」で燃やす

炎の囲炉裏は室内で焚き火をしているような姿だが、焚き火や暖炉との大きなちがいは「灰床」の上で木を燃やすことである。また、焚き火で調理するときは石をコの字に並べて組むと炎の反射板になり、風の中でも燃やしやすい。しかし囲炉裏はそのような石を置かない。灰はフラットでどの方向からも薪を燃やすことができる。囲炉裏は室内なので野外の焚き火のように風の影響を受けない。灰床の形や薪の組み具合を調節して、様々な大きさの炎を立てることができる。

もちろん室内なのであまり大きな炎は危険だし、煙が出ないよう十分乾燥させた薪を用いなければならない。また、薪が燃える過程で爆ぜる（燠炭や火のついた小片が囲炉裏の外に飛ぶ）ことがあり、その注意も必要だ。

囲炉裏の火は自然に消えるもの

ところで、ガス・電熱はつまみやスイッチ一つで絶え間なく燃料を送り続けてくれるが、囲炉裏の火はそうではない。薪がなくなったら人の手でくべ続けなければならない。そうしないとやがて消えてしまう。

これは面倒なことのように見えて、放っておけば自然に消火するという安全面を併せ持っている。逆に、ガス・石油・電熱（IH）はつまみやスイッチで消すのを忘れると、延々と燃料・熱源を送り続け、やかんや鍋を空焚きする危険がある。同じ薪火でも薪ストーブは煙突による吸引《ドラフト》効果があるので、空気孔の調節を誤ると火の凶暴さを感じることがある。

囲炉裏の火はそれに比べてずっと穏やかで、灰をかければ瞬時に火を弱め、消すことができる。ただし、囲炉裏は灰の中に燠火を被せながら火種を保たせることもできる（79 ページ参照）。囲炉裏の操作の中には、薪火に関するありとあらゆる技術がある。そして、これほど様々な種類の薪と火を間近で観察できる機会はない。炎の囲炉裏が扱えれば、あなたも薪火のエキスパートである。

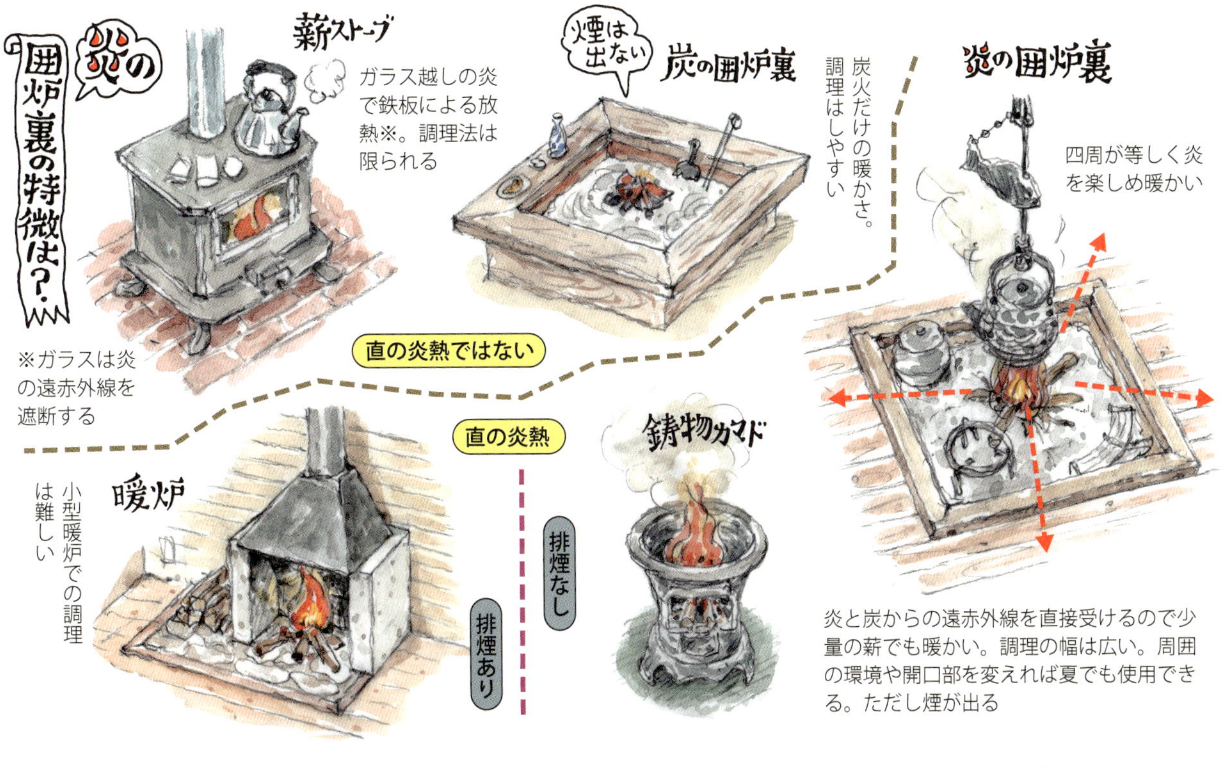

炎の囲炉裏の特徴は？
薪ストーブ
ガラス越しの炎で鉄板による放熱※。調理法は限られる
※ガラスは炎の遠赤外線を遮断する
煙は出ない
炭の囲炉裏
炭火だけの暖かさ。調理はしやすい
直の炎熱ではない
炎の囲炉裏
四周が等しく炎を楽しめ暖かい
炎と炭からの遠赤外線を直接受けるので少量の薪でも暖かい。調理の幅は広い。周囲の環境や開口部を変えれば夏でも使用できる。ただし煙が出る
直の炎熱
暖炉
小型暖炉での調理は難しい
排煙あり
排煙なし
鋳物カマド

2 着火前の準備

火をつける前に準備すること

まず焚き付けと、細い枝や細く割った薪を準備する。それにやや太い薪を手元に置いておく。それから炎が上がったときに掛ける鉄瓶、やかん、鍋等に水を満たして準備しておく（万一飛び火したときなどの防火用水にもなる）。自在カギの場合はこれらをすでに掛けておき、火の操作に邪魔にならない程度まで上に引き上げて止めておいてもよい。ゴトクは囲炉裏の中央から外しておく。

焚き付けに適したもの

焚き付けにはスギの葉がもっとも適しているし、山村や田舎ではもっとも手に入れやすいであろう。間伐や伐採跡地ではもちろんのこと、強風の翌日などは道路にもたくさん落ちている。袋に集めるよりヒモでまとめたほうが運びやすく、保存時も乾燥しやすい。ヒノキの葉はバチバチと発火するように燃えるので適さない。マツの葉もよく燃えるが臭いがキツい。広葉樹の落ち葉は、よく乾いたものなら使えるだろう。

他にはごく細い枯れ枝、鉋クズや木っ端（木片）も使える。なければスギ・ヒノキなどの割りやすい薪をナタでうんと細く割るか、その他の薪をハツる要領で削って木片をつくる。

使ってはいけないもの

野外の焚き火やカマドでは紙ゴミを燃やして焚き付けにしてもよいが、囲炉裏ではやらないほうがいい。製紙過程での化学物質やインクの重金属などが微量ながら含まれていて煙に不快な臭いがするし、これらが囲炉裏の灰に混じるのはできるだけ避けたい。もちろんビニールやプラスティックなどは論外である。

写真左：スギ林の地面に大量に落ちているスギの枯れ葉。地面に近いものは湿っている（黒変している）ので、上部の茶色いものを採取するとよい **写真右**：一回の着火分はこの程度あれば十分。湿ったものは数日乾かしてから使う

スギ幹を細かく割ったものは焚き付け、追い薪に最適

囲炉裏の焚き付け

スギの葉はぶら下げるように持ち下から火を付ける

焚き付けに紙類やビニール・プラスチックは不可

落ちている枯れ枝は山を散歩すればすぐに拾える

3 着火から火の維持まで

火のつけ方

焚き付けから細い枝や細く割った薪へ火がうまく移るよう、形を工夫するのが燃し始めのコツだ。以下順を追って解説する。

1）はじめに囲炉裏の火床になる灰の中央を直径10～15cm、深さ5cmほど灰ならしや火箸を使って掘っておき、そこに焚き付けを小山になるように置く。その上に細い枝や細く割った薪を井桁もしくは円錐形に並べておく（円錐にする場合、枝や薪の下方を灰に突き刺しておくと、しばらく倒れずに燃えてくれる）。

2）右手にライターもしくは火のついたマッチを持ち、左手に持った焚き付けに火をつけ、その炎が上がったところで灰穴に積んだ焚き付けの山に火を移す。火は下から上に燃え移るので、できるだけ下のほうに火をつけるのがコツ（あらかじめ火を送るポイントを決めておき、そこを開けておいてもよい）。

最初は囲炉裏が冷えていることもあり、煙が多く出るが、薪が乾いていればこれで炎が勢いよく立つはずだ。**このとき火吹き竹で焚き付けの山に風を送るとさらによく燃える。**

火を維持する

3）セットしておいた薪が半分ほど燃え尽きたところで新たな薪（この時点ではまだ「細い枝や細く割った薪」）を追加する。形はやはり井桁か円錐形。

この「追い薪」が早すぎると、冷えた薪に熱を奪われて炎が消える。逆に「追い薪」が遅すぎると、火が移る前に最初の薪が燃え尽きてしまう。

追い薪に火が移る頃には、焚き付けは完全に燃え尽き、最初にセットしておいた薪は小さな熾炭になって灰の凹みで赤くなっているはずだ。

4）炎が上がるにつれ薪が燃えて中央に穴があいてくるので、火箸やトングで薪を中央に送り出してやる。ここで始めて中太の薪を入れていく。

5）その薪に火が移り、安定したら水を入れた鉄瓶、やかん、鍋を火に掛ける。

着火からここまで30秒～1分程度である。

その後の注意

必要以上に火を大きくしないことである。鉄瓶や鍋が火だるまになるほど火を上げる必要はないし、大きな火は危険でもある。炎が大きくなると、炎自身が風を引き込んで大きく燃え上がることがある。

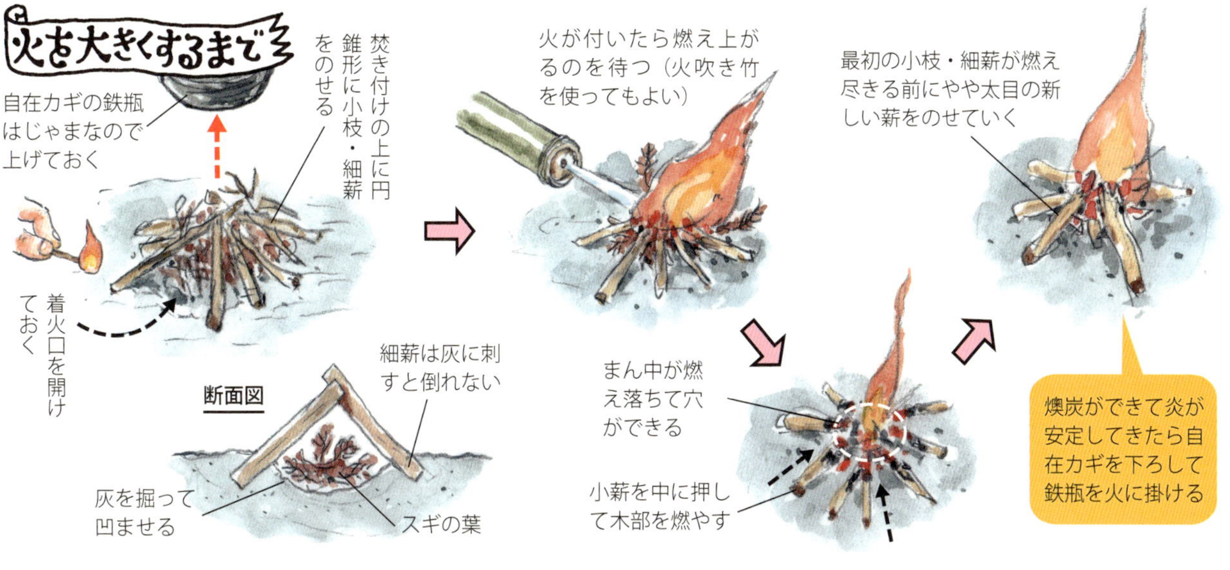

火を大きくするまで
自在カギの鉄瓶はじゃまなので上げておく
焚き付けの上に円錐形に小枝・細薪をのせる
着火口を開けておく
断面図
細薪は灰に刺すと倒れない
灰を掘って凹ませる
スギの葉
火が付いたら燃え上がるのを待つ（火吹き竹を使ってもよい）
まん中が燃え落ちて穴ができる
小薪を中に押して木部を燃やす
最初の小枝・細薪が燃え尽きる前にやや太目の新しい薪をのせていく
熾炭ができて炎が安定してきたら自在カギを下ろして鉄瓶を火に掛ける

4 いろいろな薪の燃やし方

細い枝

囲炉裏はごく細い枝から、太い丸太まで、あらゆるサイズの薪を燃やすことができる。その特徴と囲炉裏での使い方を書いておこう。

まず細い枝はよく燃える。すぐに勢いのよい炎が立つ。しかし燃え尽きるのも速い。だから、焚き付けや調理で強火が欲しいときに使う。また、雨の日など空気が湿気って薪が燃えにくいときは、この細い枝を積極的に使って、まず囲炉裏の灰と周囲を乾かすとよい。

細い枝が手元になく、この用途が欲しいとき、スギ・ヒノキなど割裂性の高い木をナタで細くなるまで割ってつくっておく。組み方は井桁がよい。

中太の枝、中太の割り薪

直径が 3cm までの木の枝は割らずにそのまま乾かし、囲炉裏に用いる（スギの枝などはほとんどこのサイズだ）。細くて割るのが面倒だし、締まっているのでそのまま囲炉裏に入れても爆ぜにくい。これらの枝は、通常の薪のサイズ（長さ 30 ～ 40cm）より長めに（50 ～ 60cm くらい）切って束ねておくと薪づくりの作業効率がよく、使いやすい。

直径 1 ～ 4cm の枝は敷地の樹木の剪定などでよく出てくるが、これが実は囲炉裏でもっとも使いやすいサイズである。割り薪なら、薪ストーブ用よりやや小さめに割ったほうが囲炉裏では使いやすい。

組み方は円錐形がよい。先が炎になり燠ができて短くなるので、ときどき火の中心に薪を送り出してやる。

細い枝
◀細い枝はすぐ炎が立つが燃え尽きるのも速い

中太の枝・薪
◀中太の枝・薪は囲炉裏でもっとも使いやすい

細い枝は井桁に組む
すぐ燃え尽きるのでまめに挟んで炎に寄せる

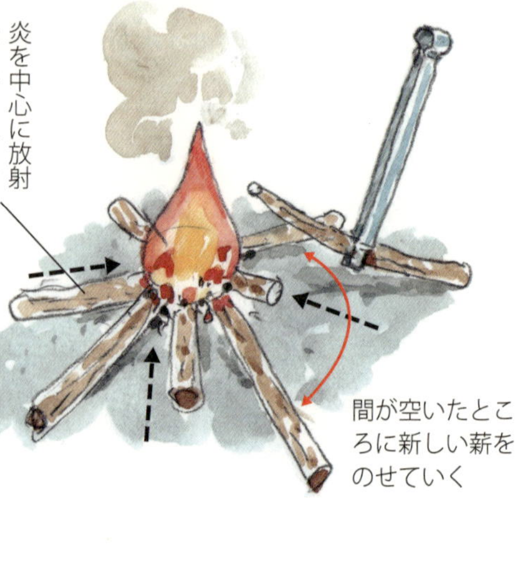
炎を中心に放射状に薪を置き、燃えたぶんだけ前に押していく
間が空いたところに新しい薪をのせていく

アチチ
◀腐食した木は虫が出てくることも……

枯れ枝・木の皮

地面に落ちている枯れ枝は、乾かせば（生木より乾きがはるかに速い）よい燃料になる。外で雨に何度も洗われているので適度にヤニやアクが抜けているので煙も少ない。ただし長く地面に放置されて虫食いでスカスカになった木は火力も弱く、焚いているうちに穴から虫が這い出てくることもあるので注意しよう。

木の皮もよく燃える。クヌギなどは皮だけでもかなりの厚みがあるので燃やしがいがある。

太い薪

薪ストーブで燃やすような太い割り薪は、囲炉裏ではくすぶることが多いので十分乾燥させてから燃やす。ふつう小口（薪の先端）から燃やすようにする。太い薪は自重があるので井桁や円錐型に立てかけることができず、灰の上にごろんと横に寝てしまう。すると空気の流れが悪くなり、くすぶりやすい。そんなときは、燃えている小口の下の灰を火箸やトングで少し掘ってやるとよい。また、先端に熾炭が大きくできているときは火箸やトングで叩いて落とし、そのぶんだけ前に押し出し、火吹き竹で風を送ってやると、またよく燃え始める。

太い薪は大きな熾炭ができるので囲炉裏で暖を取るのに暖かい。寒さのきびしい地方では大きな丸太を四方から突き合わせて炎を立てるところもある。また、灰をかけて熾炭を翌朝まで保たせるにも太い薪が適している。

火にまたがせて燃やす

太目の長い枯れ枝などは囲炉裏に対角線状にまたがせ、中央部分から燃やしてもよい。割った太薪でこの方法をとることもできる（ただし爆ぜやすい木は避ける）。中央が燃える過程で長い薪は二つに折れる。そ

太い薪
◀熾が大きく暖かいが燃し方に工夫がいる

長薪をまたがせる
◀長い枝を中央から燃やすと二つに折れる

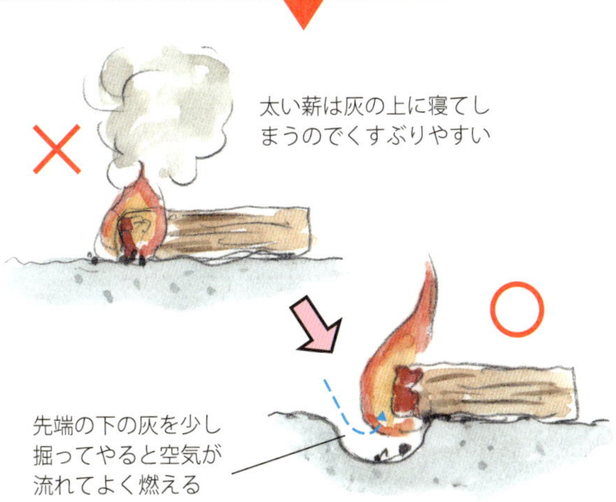
太い薪は灰の上に寝てしまうのでくすぶりやすい
先端の下の灰を少し掘ってやると空気が流れてよく燃える

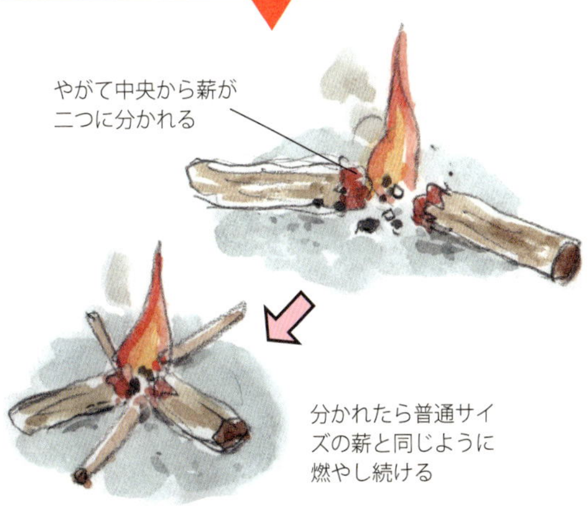
やがて中央から薪が二つに分かれる
分かれたら普通サイズの薪と同じように燃やし続ける

うしたら二つに分かれた薪それぞれを、また燃えさしの小口から燃やせばよい（つまり長い薪をノコで二つに切る手間が省けるわけだ）。

爆ぜやすい薪に注意する

スギを割った薪は小口以外の部分で燃やすと爆ぜやすい。前項で紹介した火にまたがせる燃やし方はこれらの薪でやらないほうがよい。小口から燃やすぶんには問題ない。また広葉樹ではクリが爆ぜやすいといわれるが、私の経験では十分乾燥して小口から燃やせばほとんど問題なかった。

囲炉裏で燃やさないほうがいい木

竹類は黒い煤が出やすいので囲炉裏では燃やさないほうがよい。アカマツも煤が強く臭いも独特なので、連続して燃やさないようにする。ケヤキの煙は目に悪いという（私の経験では十分乾燥すれば問題なかったが）。他にも爆ぜやすい木、煙の特殊な木があるかもしれない。燃やしてみて問題があれば中止し、外のカマド用に回そう（ただしキョウチクトウは材も猛毒）。

建築廃材は囲炉裏では燃やさないほうがよい。合板や塗装された木などはもってのほかだ、無垢の木でも防蟻剤や防虫・カビ剤が塗布されているものがある（※）。これらは有毒な煙を出し、成分は木灰に濃縮されて残る。また、無垢だとしても表面にホコリ、ゴミ、土などが付いており、これらを囲炉裏の灰に混ぜたくない。

最近は放射能も心配される。これは内部被曝をどうとらえるかで考え方が変わってくるが、汚染地では薪火の使用は極力控え、除染を優先すべきである（詳しくは**あとがき**参照）。

※2×4建築に使われるSPF材輸入材には「臭化メチル（メチルブロマイド）」という 殺虫・殺菌剤が燻蒸されている。国産材でも中高温乾燥材には防かび剤や防虫剤が使用されているものがある。また昭和後期〜平成初期に建設・改装された住宅の土台部分には、極めて毒性の強い「CCA処理木材」（クロム・銅・ヒ素化合物を加圧注入した防蟻・防腐木材）が使われたものがあり、野外でも燃やすのは危険である

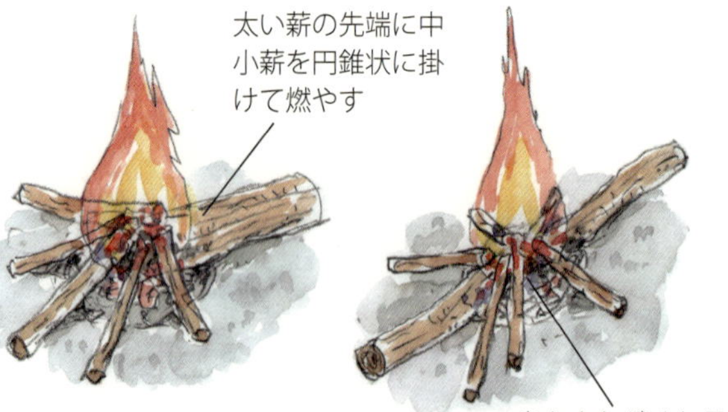
太い薪の先端に中小薪を円錐状に掛けて燃やす
炎をまたがせた長い枝薪に中小薪を掛けて燃やす

かつて北陸や四国山間部などで見られた炉縁に丸太を掛けるダイナミックな燃やし方。燠炭が大量にできて暖かいが、現代ではその必要を感じずお薦めできない

爆ぜる木に注意
パン☆
ポーン
スギ丸太を割った薪など爆ぜやすい薪をまん中から燃やすと図のように燠炭が飛んで床や座布団を焦がして危険

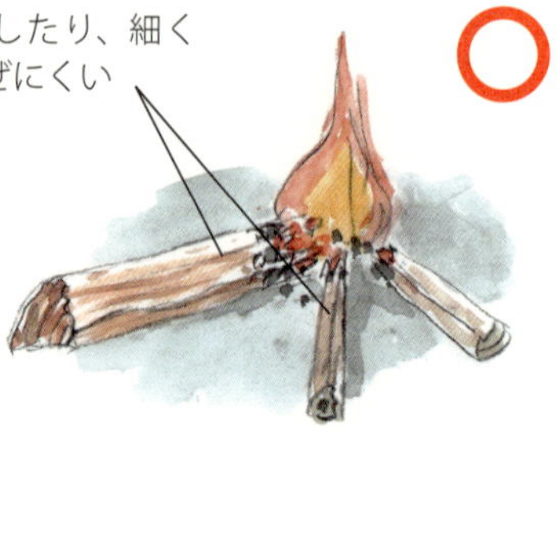
スギ薪でも小口（先端）から燃やしたり、細く割ると爆ぜにくい

薪火の火災例から学ぶ

「やってはいけない」３常識

さて、本章の初頭に「薪火は自然に消えるもの」と書いたが、そのように穏やかに火を扱うには、当然守らねばならない「やってはいけない」常識がある。この常識は、かつて生活の中で火を扱ううえできびしく教えられ、戒められ、人に本来備わっているはずの感覚なのだが、近年「まったく火を扱ったことがない人」が出現し、その人たちが大人として存在する時代になってしまった。そのためあらためて書いておきたい。その「やってはいけない」常識とは次の三つである。

１）火を必要以上に大きくしない……火を大きくすると炎自身が上昇気流の風をつくり、自ら炎を大きくさせ、手が付けられなくなる。火事において「初期消火」が非常に重要なのはそのためだ。

２）強い風があるところで火を燃やさない……炎が小さくても、風を送れば（そして燃料・薪が近くにあれば）炎は大きくなる。火吹き竹で火力を調整するのは薪火の技術であり面白さでもあるが、自然界の風で火が思わぬほど大きくなるのは危険である。しかし、風がイヤだからと窓を完全密封すれば、酸欠や一酸化炭素中毒になりかねない。空気の流れは必要。

３）火の周囲に燃えるものを置かない……タバコの火の不始末で山火事が起きるのは周囲に燃えるものがあるからだ。雨がなく、乾燥が続いた日中、風が強い日に山火事は起きやすい。山暮らしを始めたのはいいが周囲の旧住人から「危ないから火を燃やさないでくれ」と言われる人がいるが、周囲の不理解を嘆く前に、自らの薪火風景を振り返るべきだ。火の周囲に、乱雑に燃えやすいものを置いたままにしていないか？　カマドや囲炉裏や薪ストーブの周囲をつねに掃除しているか？　あなたを観察している旧住人は、あたなのふるまいを危惧して火を取り上げたくなるのだ。

薪火の火災例

ここで私が聞いたりブログなどで知った薪火の火災例を参考までに記しておこう。

○借家のカマド、煙突を点検もせずいきなり火を入れたら、ゴミ・鳥の巣などが煙突内部にあり引火、ボヤになる。

○室内に囲炉裏を製作。灰がなかったので空の囲炉裏の中でワラを燃やし続け、炎が大きくなりボヤになる。

○外で焚き火をしていて爆ぜた熾炭が柴（細い枝薪）の中に入り込んだ。それに気付かず焚き火を消火して外出。後に熾炭が原因で出火。

○囲炉裏の火を消さずに外出。戸を開けたままで室内に強い風が吹き込み、炉の外に火が飛び出し火災。

○借りた古民家があまりに寒すぎて、囲炉裏の上にビニールの覆いを張る。それに引火して火災。

いずれも「やってはいけない」３常識が原因になっている。最後に私がヒヤリとした経験を。

……丸太をくり抜いてニホンミツバチの巣箱をつくったのだが、内部を黒く焦がそうと思い（中が黒いほうが蜂が入りやすいという）囲炉裏の火で内部を焼いていたら炎が筒の中に燃え広がり、筒の先からロケットのように吹き出し始めた。あわてて外に出し、水で消火。炎の熱気は狭い筒の中を通るとき速度を増し、火勢を増幅させる。煙突掃除を怠って火事を出すというイメージが、おかげでよくわかった失敗談である。

5 火吹き竹の使い方

なぜ火が大きくなるか？

火をまったく扱ったことのない子供に、火吹き竹で風を送ると火勢が上がることを教えると、皆がいちように驚き、次いで「やってみたい！」と火吹き竹の奪い合いになる。ガスの火やマッチの火、ローソクの火は「吹き消す」という言葉がある通り、強い風を送ると消えてしまうのに、火吹き竹ではなぜ炎が大きくなるのだろうか？

これは風を送ることで熾炭が強く発火し、火の芯の温度が急激に上がるからだ。そして、風を起こすことで新たな酸素供給の流れが蘇るからだ。だから、熾炭源のない炎で風を送ると消えてしまう。

「煙ってきたら火吹き竹」

木は熱で内部の物質がいったん可燃性のガスになり、それが酸素と反応し発火する。熱が弱いとガス（と水蒸気）が発火しないまま煙となる。だから炎が立たずにもくもくと煙ばかり出るときは、火の芯にある熾炭に強い風を送り、赤く発光させると炎が「ポッ」と立つ。そして煙が急に消える。「煙ってきたら火吹き竹」なのである。

また料理の最中、火を強くしたいときも有効である。火を強くしようと新しい薪をくべても、入れた薪は冷たいので、いったん温度が下がってしまう。火吹き竹で温度を上げてやると、速く薪に火がつく。

使い方のコツ

囲炉裏で使う場合は、灰を舞い上がらせず炎だけ上げるように、吹く場所の狙いを定めることである。火吹き竹の先端は火から10cmくらい離したところに置くようにする。あまり近いと火吹き竹が焦げてしまうので注意。

吹きすぎると

吹き過ぎの弊害は灰が舞い上がることぐらいだが、焚き火やカマドや石窯などで使うときは、吹きすぎると周囲の灰や小さな熾炭が吹き飛んでしまい、逆に温度を下げることになる。灰は多くかぶり過ぎても火が消えるが、まったくなくなると急に温度を奪われることになる。木と熾炭と灰の関係はなかなか精妙なのである。

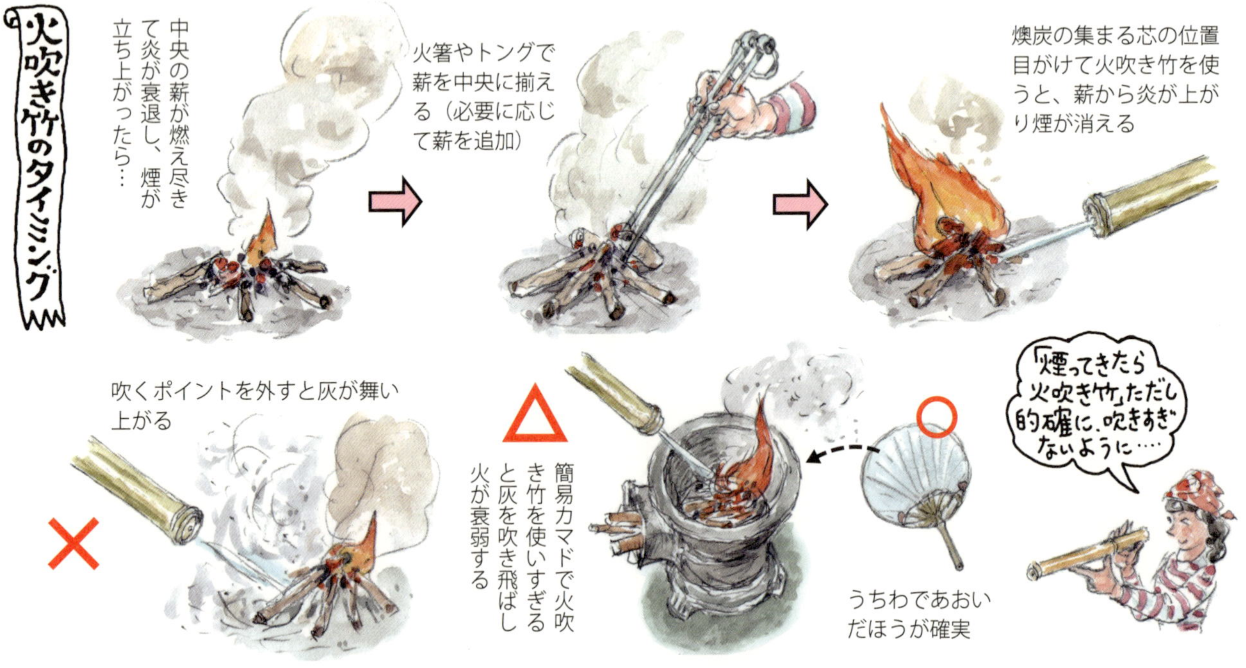

火吹き竹のタイミング
中央の薪が燃え尽きて炎が衰退し、煙が立ち上がったら…
火箸やトングで薪を中央に揃える（必要に応じて薪を追加）
熾炭の集まる芯の位置目がけて火吹き竹を使うと、薪から炎が上がり煙が消える
吹くポイントを外すと灰が舞い上がる
簡易カマドで火吹き竹を使いすぎると灰を吹き飛ばし火が衰弱する
うちわであおいだほうが確実
「煙ってきたら火吹き竹」ただし的確に、吹きすぎないように…

6 灰の効果と使い方

灰の保温・加熱効果

木は燃えながら熾炭をつくり、熾炭は燃え尽きて灰を残す。だから囲炉裏を使ううちに灰は自然に溜まる。乾いた灰の中にはたくさんの空気が含まれているので、保温効果が高い。また、火の近くの灰は高い熱を帯びていて、火箸やトングで突いてみるとわかるが水のようにサラサラと流れる。この灰の中に小さなジャガイモなどを入れておくと蒸し焼きができる。

火を消すときに使う

囲炉裏の火を弱めたいとき、速やかに消したいときは火に灰をかける。火から遠いところの冷えた灰を厚くかけると効果が高い。

完全消火したいときは、灰をかけて消す前に、火の中の大きな熾炭は取り出して火消し壷の中に入れておく。こうしないと中で熾炭がくすぶり続け、灰の中で「炭焼き（伏せ焼き）」をやっている状態になる（意識的にこうしたいときは次項）。確実に火が消えた目安は、灰の中から煙が立ちのぼっていないことだ。

熾炭を残したいときの灰のかけ方

大きな熾炭がついた太目の薪が残っているとき、灰をかけると炎は消えても、中の熾炭はずっと灰の中でくすぶり続ける。夜にこのような半消火をしておくと、灰の山の上からごく小さな煙を上げながら、翌朝まで灰の中で熾炭が燃え続けている。昔はこのようにして火種を残して一年中火をつけたままの囲炉裏が多かった。とくに寒冷地では家が蓄熱されるので暖房にも効果があったといわれる。

確かにこうしておくと、朝起きたとき囲炉裏の周囲が冷え冷えとしておらず、薪に被せておいた灰を取りのけると、赤々とした大きな熾炭が現われ、同時に「ふわぁぁっ」と熱が立ち上がる。この上に焚き付けをのせ、ひと吹きすれば簡単に炎が立ち上がり、すぐ炊事にかかれる、というわけである。

灰が溜まったら

毎日、囲炉裏を使っているとさぞかし灰が溜まるだろうと思うが、意外にも灰はなかなか増えない。もともと薪ストーブに比べて薪の使用量が極端に少ないのと、熱による灰の濃縮や飛び灰があること、灰は熱し続けることでいくぶん容積を減らしていくこと、そして熾炭を取り出す使い方をすればさらに灰の生産は少なくなることなどがその理由だ。

それでも１〜２年もすると灰床の高さが目に見えて上がるのが感じられる。十能などで取り分け、元の使いやすい安全な高さに戻そう。灰の保存は湿気を吸うのでビニール袋などに密封するのがよい。取り分けるとき火のついた熾炭などが混じらぬよう注意する。

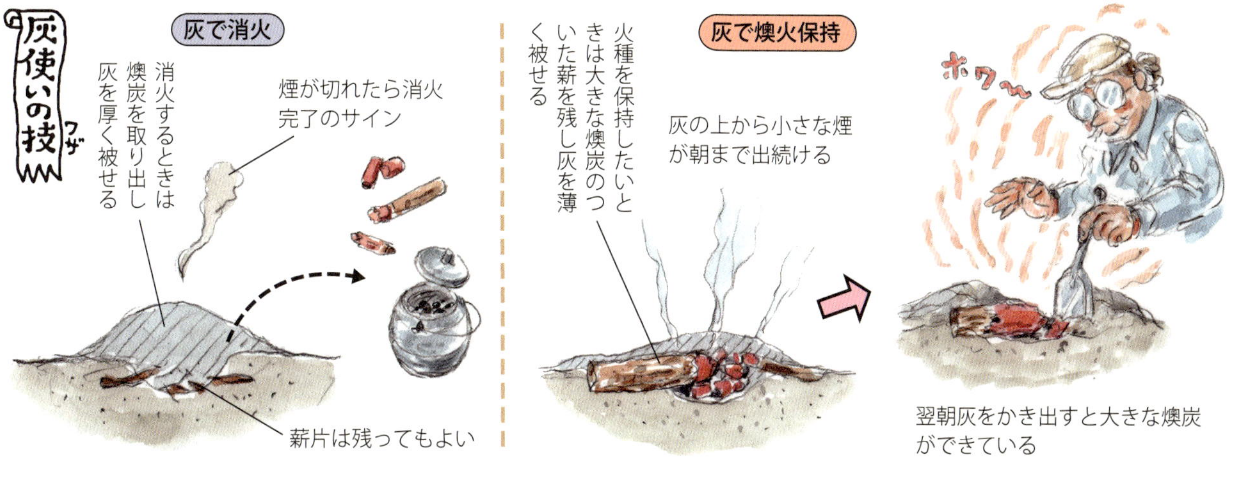

灰使いの技《ワザ》
灰で消火
消火するときは熾炭を取り出し灰を厚く被せる
煙が切れたら消火完了のサイン
薪片は残ってもよい
灰で熾火保持
火種を保持したいときは大きな熾炭のついた薪を残し灰を薄く被せる
灰の上から小さな煙が朝まで出続ける
ホワ〜
翌朝灰をかき出すと大きな熾炭ができている

7 燠炭を取り出す、使う

取り出し方

薪が燃える過程でできる燠炭は、赤いまま取り出せば焼き物に使え、ゴトクの下に置いて鍋をのせれば蛍火や保温調理ができる。

燠炭を取り出すには火箸やトングを使う。ワタシの下に移動するときは火箸で灰の上を転がすようにすると速い。熾炭を取り出すと火勢が弱まることがあるので、薪の形を整え、必要なら火吹き竹を使う。

使い方

燠炭はそのまま放置すれば自然に消えていくが、風を送ればまた火がぶり返すし、さらに大きくしたいときは火消し壷からストックしてあった炭を追加してやればよい。

燠炭はふつうの炭（黒炭や備長炭など）に比べて重量が軽く密度が低いので火持ちはよくないが、火つきは速いので日常の料理に使うには便利である。

ここに燠炭が溜まるので必要に応じて取り出す
ここを火箸やトングで叩くと薪から燠炭が剥がれる

▶薪を燃やし燃やし続けていると自然に燠炭が生成される

炎と燠炭のバランス

囲炉裏をうまく燃やすには薪と燠炭の理想的なバランスがあって、燃えている最中の燠炭をすべて取り去ってしまうと炎は弱くなり消えてしまうこともある。逆に、寒いからと薪を一度にくべ、盛大に炎を上げると一度に燠炭が大量にでき、逆に薪がくすぶり始めることがある。これは大量の燠炭が酸素を奪い薪に回らなくなるためと思われるが、そのときは燠炭を積極的に取り出して火消し壷に入れればいい。

燠炭の使い回し

冬の夕食で囲炉裏を使い終えたら、消火の前に残った燠炭を十能にのせ、火鉢や掘りごたつに移動して炭として使うと便利だ。ただし、移動の際に転んだりすると赤い炭を床にばらまくことになるので十分注意する。

餅搗きや干し芋づくりなどで、カマドで蒸し器を連続使用するとき、薪を大量に使うと最後に燠炭がたっぷりできる。そのままにしてはもったいないので火消し壷で消火してストックする。

細かい炭や粉炭は畑にまけば土壌改良材になるが、寒いときは囲炉裏の灰床に浅く埋めてからいつものように薪で囲炉裏を使うと、細かい燠炭に火がついて暖房効果が高まる。

餅搗き後のカマドからこれだけの燠炭が採れる。把っ手付き金ザルを使うと、細かい燠炭まで全部きれいにとれる。消火には古い鍋を使用。ふたをして外で火を消す

8 布巾と雑巾で掃除する

拭き掃除のコツ

「炎の囲炉裏」を使う暮らしで忘れてならないのは、灰汚れの掃除である。火を焚き続けるうち床にもうっすらと灰が落ちる。前にも述べたが、これを掃除機で吸引すると、灰の粒子が細かいのでフィルターが詰まる（サイクロン式でも風で灰が舞うのは確実）。だから昔ながらの布巾や雑巾を使うのが一番よい。

常識的なことだが食卓でもある炉縁は布巾を、足を置く床は雑巾を、と拭き布を使い分ける。

コツはとにかくいつも布巾・雑巾を手元に置いておき、マメに拭くことだ。そしてコーナーコーナーをしっかり拭く。そのために囲炉裏部屋の床にはごちゃごちゃと物を置かない。また、灰のつきやすい複雑な形をしたものなどを置くと、掃除が大変でおっくうになる。

無垢の木を使う意味

拭き掃除をするとき、ニスなどの塗装を施した板や表面が化粧（化学処理）された合板フローリングと、無垢の板とではまったく感触がちがってくる。前者は表面に水を通さないコーティングがあるので灰ホコリを布で吸着してすくう感じになる。後者の無垢板は水を吸うので吸着してすくうと同時に、板の表面が水分を吸い、灰を塗り込む感じになる。

塗装板や化粧合板は静電気を起こしやすく、拭いた後からすぐにホコリを吸着し、灰ホコリが浮く。一方、無垢の板はいったん水を吸うので、床の清浄さが持続し、掃除の後に部屋に爽やかな空気感がみなぎる。塗装板・化粧合板全盛になってしまった日本で雑巾がけという掃除法が消え、掃除機全盛になったのはこういう理由もあったのではないか。

塗装板・化粧合板は数年は汚れが目立たなくてきれいなように見えるが、長年使うと塗装が疲弊してあばたになってくる。無垢板は最初は汚れが目立つが、拭き込むうちに色の深みを増し、長年のうちにまるで塗装をしたかのようなツヤが出る。

囲炉裏部屋では気持ちのよい拭き掃除の感触を味わうためにも、床にはぜひ無垢板を使いたい。

建具の掃除と張り替え

ガラス戸なども黄ばみが出てくるし、桟には確実に灰ホコリが溜まるので建具の掃除も欠かせない。畳や障子なども汚れによって畳表を変える、障子紙を張り直すといった刷新が必要になる。炎の囲炉裏を使うときはこのような心掛けと準備（資金なども）が要る。

もちろん梁の上にもつねに灰ホコリが溜まるので、定期的な拭き掃除が必要になる。このときは床に灰の汚れが落ちるので、囲炉裏の火を消して新聞紙などを敷いてから行なうようにする。灰は頭の髪の毛にも舞い落ちるので、日本手ぬぐいやバンダナなどで頭巾・姉さんかぶりをするのがよいだろう。

大変なようだが、こうした掃除で床や建具が清浄になった直後、改めて囲炉裏で火を焚く気分はなんとも言えないほどすばらしいものだ。

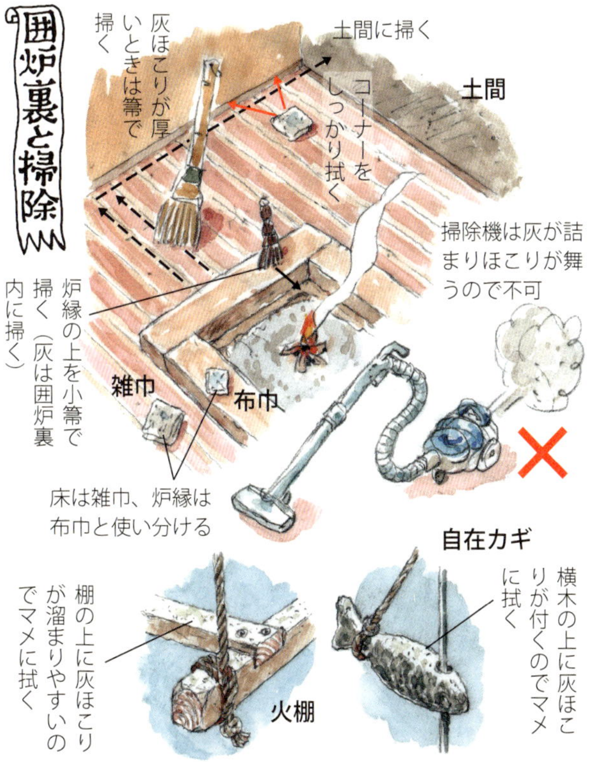

囲炉裏の薪のつくり方

現代の薪事情から

囲炉裏の薪はありとあらゆる薪が使えるので、いわゆる薪ストーブ愛好家が敬遠するものを集めれば簡単に収集できる。まず間伐材としてのスギ・ヒノキ、剪定枝や枯れ木などである。それぞれの薪のつくり方を見ていこう。

スギ・ヒノキ薪を使いこなす

スギ・ヒノキは割裂《かつれつ》性が高いので細かく割ることができる。スギ幹をカマドや囲炉裏薪で使う場合は厚さ 4 ～ 5cm 以下になるよう、細かく割ったほうがよい。それにはふつうの薪ストーブ用の薪よりも短め（30cm）に玉切ったほうが速く割りやすい。太いものはそれをまずオノでいくつかに割り、さらにナタかヨキ、横オノ（**28 ページに写真**）で小さく割る。

節がある薪の割り方

スギ・ヒノキは幹が真っ直ぐで細い枝が横に飛び出している。枝打ちされず放置された間伐材は節が大変多い。

節は木の中に眠る枝のことで芯から放射状に伸びている。枝は幹よりも稠密で硬く、割りやすい木目方向がまったく逆になっている。だから刃物が節にかかるとそこで引っ掛かって割れない。

節の多いスギ・ヒノキをうまく割るには年輪に対してナタの刃を直角に入れればいいのだが、細かく割ろうとするとそうではない方向にも刃を入れざるを得ない。とにかく節本体があらわになるまで年輪に対してナタの刃を直角に入れて割っていき、節部分の枝が現われたらその薪を寝かせて枝を叩き切るとよい。

ゴム引きの軍手か皮手袋を

スギ薪は割れた先が棘のように手を刺すことがある

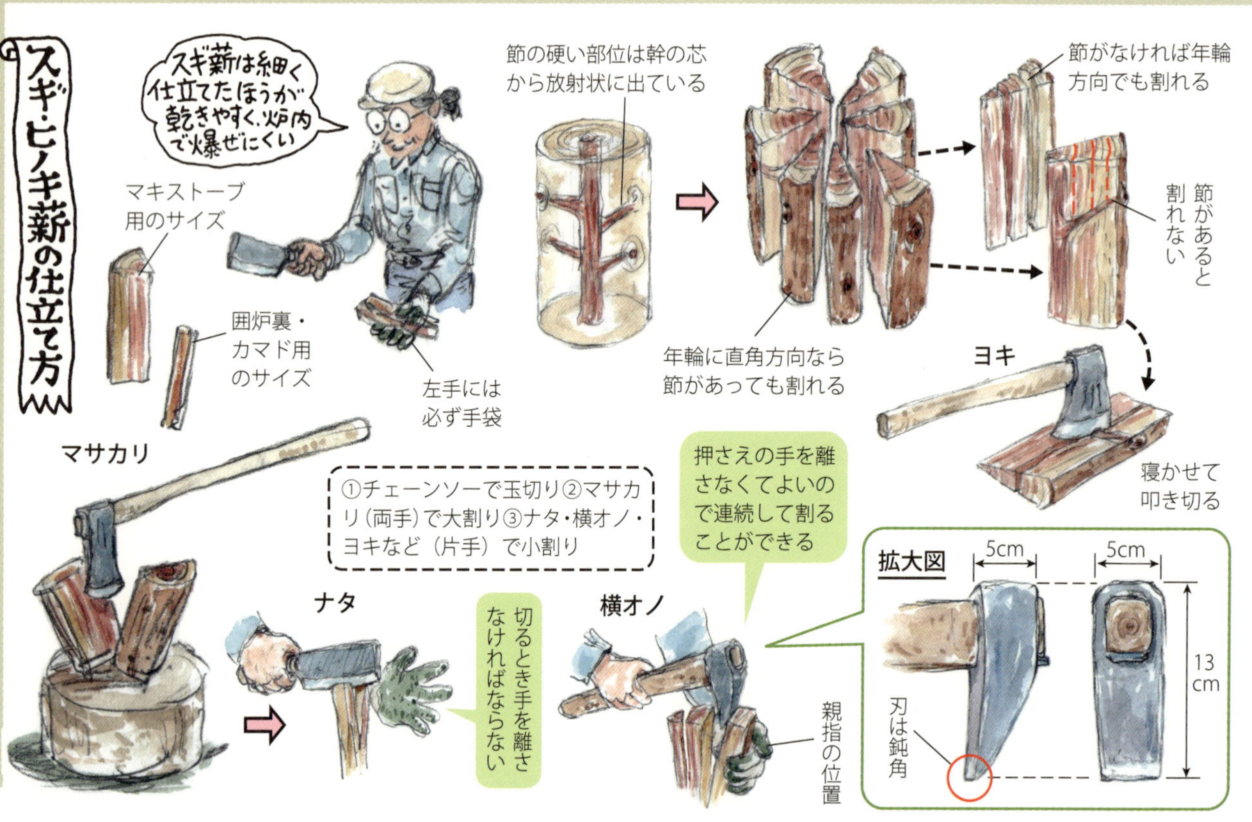

※横オノの入手法：市販品はないので上サイズを参考に鍛冶屋に特注するとよい

ので、薪づくりにはゴム引きの軍手か皮手袋を使う。細かく割るときは、木を支える手にだけ手袋をし、ナタを持つ利き手は素手で持つ。こうすると微妙な感触がわかるし滑らない。薪割りを終えて薪をまとめて運ぶときは両手に手袋をする。

スギ枝の処理

山の中で集めたスギ枝はところどころで木の根元に集めておき、最後に一気に回収しながらヒモで束ねていく。枝や薪を束ねるには廃品の畳縁が丈夫で便利だ（畳屋さんに頼んでおくとタダで分けてくれる）。移動距離が長い場合は背負子でまとめて背負う。

持ち帰ったスギ枝はよほど太いものでないかぎりノコギリで半切りか３分割にして囲炉裏薪とする。つまり薪ストーブ用の薪よりも長めに揃えるわけである。枝は割る必要がないし、幹でつくる薪に比べ燃えるのが速いので長くしておく。そのほうが割り手間や操作性がいい。

枝をノコギリで切るときは最後まできれいに切断せず、直径の半分くらいまで挽いたら、あとは手で折ったほうが作業は速い。

ヤニの強い針葉樹薪

マツやヒノキなどヤニを持っている木はオノで割った後、そのまま外に放置して２～３回雨ざらしにしてから薪置き場に積むと、囲炉裏でのヤニの臭いや黒煙が軽減できる。

広葉樹の薪

割りにくいものはクサビで割ったほうがラクな場合がある。二股の部分は下図のように３回に分けて割るとよい。根元に近い部分や極太の幹はクサビでも割れないことがある。クサビやオノを真ん中に打ち込まず、外側から剥がすように攻める。または薪にせず、薪割り台として使うのもよい。

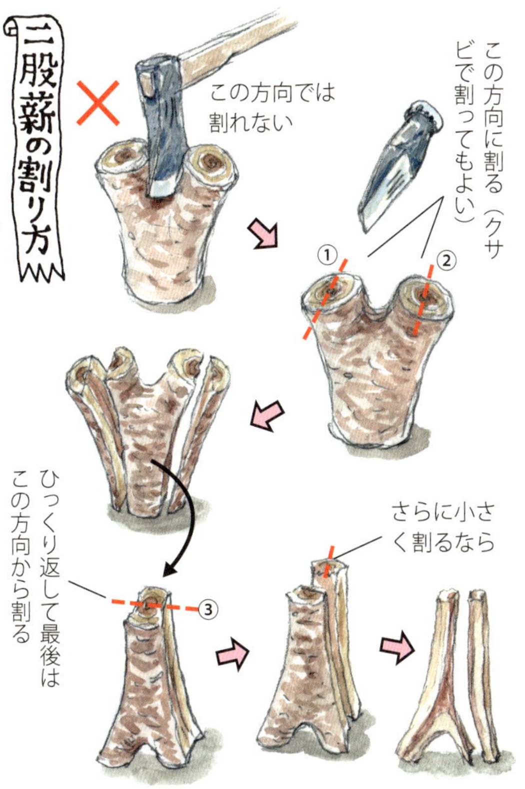

枯れた木や枯れ枝

昔はこぞって採った枯れ木や枯れ枝は、いま山に溢れている。薪ストーブ愛好者は見向きもしないので、イロリストはありがたくどんどん採取して使おう。自分の所有地でなくても、枯れ木は採取が許される場所が多い。

ところで、山の中にはなぜ枯れた枝が落ちているのだろうか？　枝が枯れるのは病気や虫食いもあるが、多くは木の成長によって森の内部が密になり、日の当たらない（光合成のできない）葉っぱの部分が増えていく。こうなると日の当たりにくい下部の枝から枯れていき、風がある日などに自然に落下するのである。だから、山に入って木を伐って利用する人が少なくなると、枯れ木も増えていくのである。

枯れ枝の乾かし方

太いものはやはり割って乾かしてから使う。おそらくシロアリや甲虫の幼虫などがかなり潜んでいるので、家の近くには積まないほうがよいだろう。割って天日に干しておけば虫はいなくなってしまう（這い出してきたところをハチやアリが来て捕捉する）。枯れた木は、生木とちがって中の抜けにくい水分はすでに抜けきっており、雨や土の湿気を吸っているだけなので、生木とは乾かし方がちがう。つまり、きちんと積んで長い時間をかける必要がない。風通しのよい日の当たる場所に転がしておけばすぐに乾き、枯れ枝などはすぐに薪として使うことができる。

すでにキノコが生えているような木、腐朽菌でスカスカになっているような、割ったら粉々になるような木は囲炉裏に使わず、外カマドで使ったほうがよい。

庭の木、剪定枝

庭に樹木がたくさんある場合、毎年大量の剪定枝が出るだろう。それらも薪になる（※）。とはいえ、葉っぱが付いたままでは煙くて仕方がない。いくら細い枝

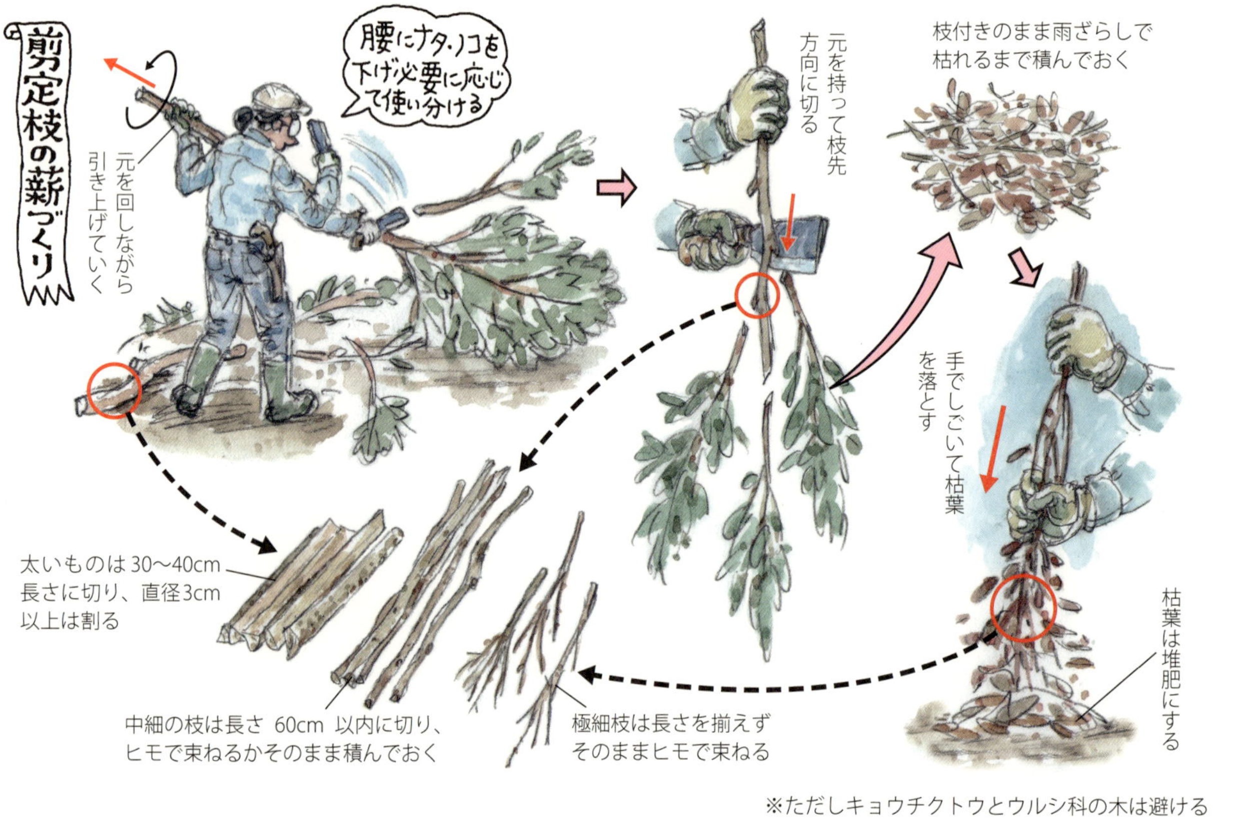

剪定枝の薪づくり
腰にナタ・ノコを下げ必要に応じて使い分ける
元を回しながら引き上げていく
元を持って枝先方向に切る
枝付きのまま雨ざらしで枯れるまで積んでおく
手でしごいて枯葉を落とす
太いものは 30〜40cm 長さに切り、直径3cm 以上は割る
中細の枝は長さ 60cm 以内に切り、ヒモで束ねるかそのまま積んでおく
極細枝は長さを揃えずそのままヒモで束ねる
枯葉は堆肥にする

※ただしキョウチクトウとウルシ科の木は避ける

まで使えるとはいえ、葉は取り去ること。

それにはまず葉の付いた枝はしばらく雨ざらしにして放置しておく。ときどき上下を入れ替えて、まんべんなく葉が茶色になるまで待つ。落葉樹の枝でも、生き枝を切った場合は葉が茶変しても落ちず、枝に付いたままになる。だから、次に枝を手でしごいて葉を取り去る。ゴム引き軍手を使うとよい。

二股の枝はそのままでは囲炉裏で使いにくいので、一本一本に切り分ける。細い枝なら手で二股を裂けばよいが、太目のものは図（**左ページ**）のように構えてナタでさばいていく。

直径 3cm くらいまでは割らずに囲炉裏で使えるが、早く乾かしたいときは細めの枝でも割ったほうがいい。枝薪は長くていいが、割るときはまず短めに切る。これが囲炉裏での枝処理の法則である。

果樹農家の剪定枝も薪ストーブ愛好家にはいい薪のようであるが、おそらく農薬を相当使っているので、囲炉裏ではちょっと心配である。私は果樹園の剪定枝を焚いた経験がないが、敷地の成りものの木（農薬は使っていない）、ウメやモモ、クリ、サクラの枝などは燃やしたことがある。それぞれ個性のある香りがしていいものである。

薪の積み方

大きな薪は薪が倒れないような棚をつくって積む。これは薪ストーブ愛好者と同じだ。棚をつくらずとも両側を井桁に積んでおけば、間に薪を同じように積んでも崩れない。

細い枝などはヒモで束ねて積み上げておく。これは薪と長さがちがうので納屋やガレージのような場所に置いておく。

山村では伐採した敷地の近くに積んである例も見かける。現地で割って、下図のように木と木の間に挟んで積んだり、波板とロープを使って台形に積んでおく。現地で乾燥までしてしまい、自宅の薪置き場に空きができたら移動させるというわけである。

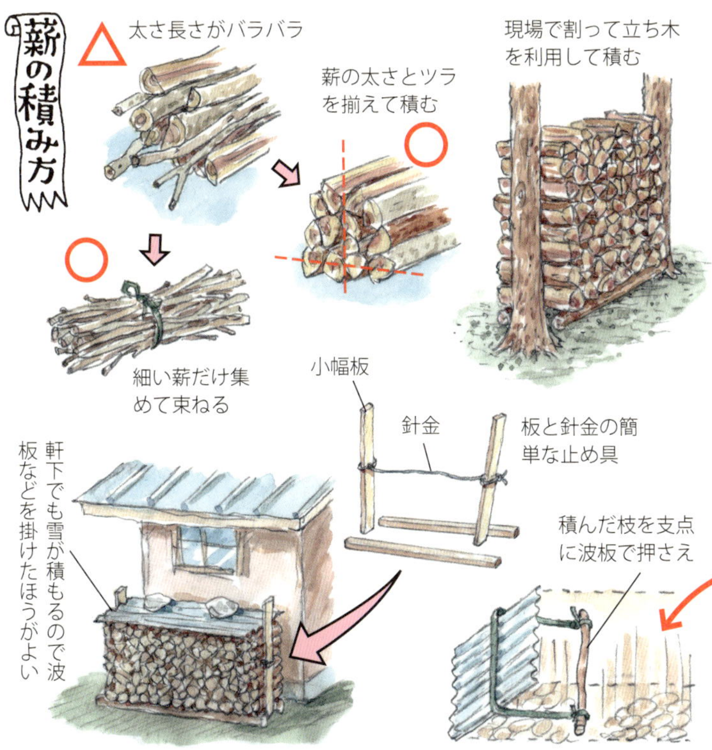

井桁積み（矢印）を柱にして挟むと薪が崩れない

波板とロープで崩れを防ぐ工夫。底は角材などを敷いて薪を地面から浮かせ、風通しをよくすること

薪火暮らしの衣服と温泉

ボロを着る愉しみ

私の定番スタイルは昔からジーンズにダンガリーシャツ。またはチノパンやコーデュロイ。寒いときはその上にダウンベストやセーターとかを着る。それは山暮らしでも変わらず、着続けてはボロになり、何代も交代されている。

以前いた群馬の神流アトリエではそのボロを棄てずに相方に繕ってもらっていたのだが、継ぎはぎを重ねているうちに遊びも入り込んで「つぎはぎアート」の様相を呈してくる。

洗いざらしの綿は本当に気持ちがいいものだ。ジーンズをはき続けて穴が空き始めた頃、ダンガリーシャツの襟がほつれた頃が、実はいちばん身体に馴染んで気持ちがいい。しかしそこからゴミ箱に行くまでの時間はけっこう短く、いつも残念に思っていたのだ。

オーガニックコットンなる商品もあるが、着古せばみなオーガニックなのだ（笑）。

温泉に目覚める

山暮らしを始めるまで温泉にはまったく興味がなく、自ら進んで行ったことなどなかったが、山暮らしで汗と土にまみれて疲労し、囲炉裏で灰をかぶっていると、温泉が非常に心地よい。群馬は温泉王国という地の利もあり、すっかり温泉にはまってしまったのである。

炎の囲炉裏を使うことは、都会人から見れば考えられないくらい汚れる暮らしかもしれないけれど、それゆえに本物の温泉に浸かることが、この振幅が、ものすごく身体や精神をリフレッシュさせてくれるのだった。私たちにとってはプチ「湯治」といった案配なのだろう。

林業の取材や講演などで全国を回るつど、本物の温泉を訪ねて入ることにしている。群馬ではなんといっても草津である。強酸の湯なので囲炉裏の灰でアルカリになった髪が中和され、リンス効果でサラサラつやつやになる（笑）。

▲▶つぎはぎでアート化したダンガリーシャツとチノパン。囲炉裏の衣装にぴったり！（最後は雑巾になって役目を終える）

▲草津温泉の湧出地の一つ「湯畑」。硫黄臭の中にハーブのような香りをたずさえ、なにやら渓流の美しさにも似て……

5章
山暮らしの薪火料理

さて、いよいよクッキング編。
ここでは単なる薪火料理の
バリエーションを示すのではなく、
薪火にはどんな料理や
食事体系が向いているか？
薪火を通して日本の食と暮らしを
再構築するヒントを、
私の山暮らし日記をひもときながら
考察していきたい。

1 山に向かう私の料理遍歴

この地球《ほし》で

私にとって「料理」は非常に重要な要素である。単に「美味しいものが好き」ということもあるけれど、環境を考えるうえでも「何をどう食べるか」はとても重要なことだと考えるからである。私たちが明日から食べるものを変えれば、地球を変えることだってできる――そんなことを思い始めたのは自分が父親になったときだった。

丸元淑生に出会う

当時、作家の丸元淑生氏が、現代栄養学に基づいた料理研究家としてデビューした頃で、私は大いに氏の影響を受けた。鰹節や昆布などの出汁の重要性に目覚め、基本調味料をきちんと整えることから料理を実践し始めた。主要な食材は「生活クラブ生協」で共同購入し、近所のおばさんたちに混じって仕分けられた品物を取りに行ったりしたものである。山暮らしをきっかけに娘たちとは離れてしまったが、当時の暮らしの中で「自然素材の尊さ」と「化学添加物の入った食品をできるだけ避けること」を教えてきた。

アルバイトの思い出

若い頃イラストだけでは食えなくてずいぶんアルバイトをしたが、どうせなら食材のことを調べようと、市場や食関係の店舗で働いたものだ。

上野のアメ横では乾物屋で働き、鰹節・昆布・干し椎茸などに触れ、築地市場ではマイナス40度の冷凍庫に入ったりサケのうろこ引きやイカ・エビの加工を手伝い、ターレーやトラックで魚を配送した。また、肉屋では肉のさばきを間近で観察する機会を得た。アルバイト時代の思い出はつきないのだが、取材としても大変勉強になったしいろいろ考えさせられもした。

マクロビにはまる

ちょうど森林ボランティアに参加し始めた1990年代後半、私はかなり厳格な玄米菜食を実践していた。丸元式のカリフォルニア経由の「現代栄養学」から、桜沢如一 の「マクロビオティック」に突入したわけ

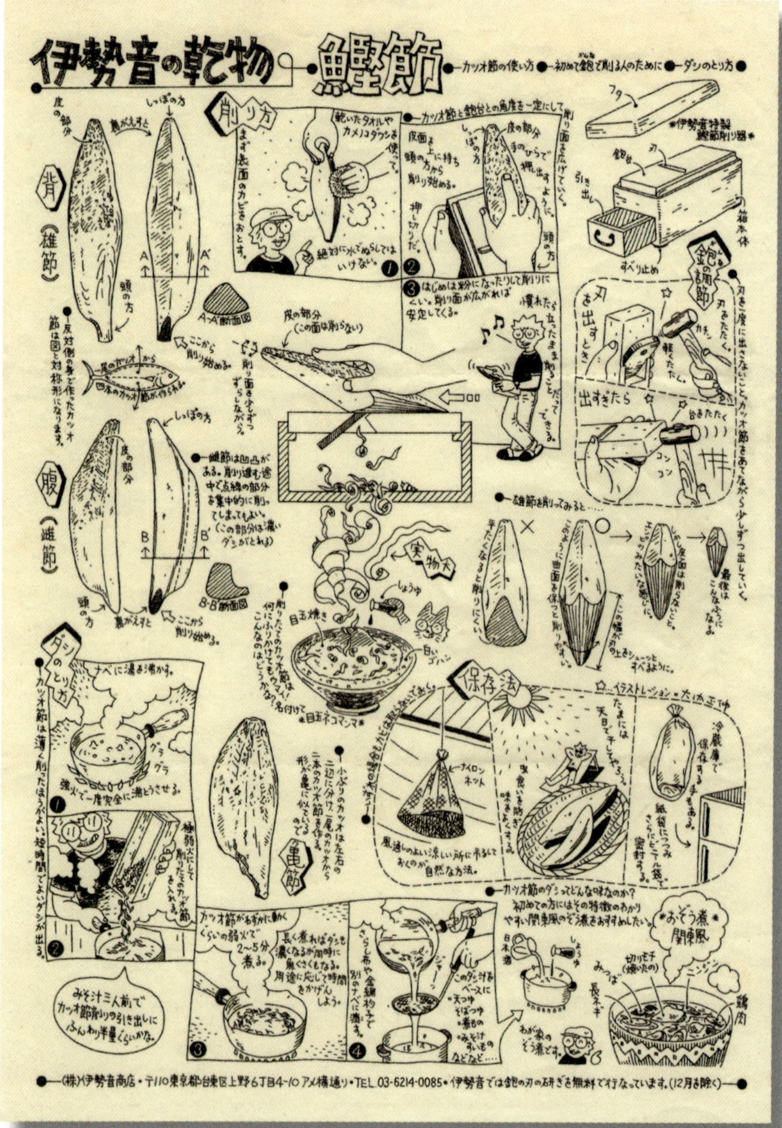

乾物屋バイト時代、店に依頼されてつくった鰹節の説明書（1988 ⓒ伊勢音商店）

である。こうなると当然のことながら「腸造血説」にも入り込み、現代医療の実体から医薬界を仕切っている世界の暗部にまでたどり着く。この関係の書籍もまた大量に読破したものだ。

自然食で歩いた 3000m 級の山 130km

卒業と就職を機会に上京し、東京での暮らしは 23 年間続いた。父親になる機会に自然食を強化したので、浄水器もつけたが、都内の水の不味さはいかんともし難いものであった。

「はじめに」でも書いたように私の釣り熱は上京を境に消えていき、興味は登山に移行して単独行で山を旅するようになった。山には美味しい空気があり湧き水がある。しかし、キャンプ旅にはレトルト食品など添加物たっぷりの加工食品を携行せざるを得ない。インスタントラーメンは便利なのでよく利用したが、あるときそれらを意識して排除し、自然食のスタイルでやってみたら身体が疲れにくいことに気付いた。

そこで、長期のキャンプ登山に米と粉食、乾豆、乾物、味噌を中心とした完全自然食で敢行し、これを手描きの旅行記にまとめてみようと思った。結果、北アルプスの上高地から立山まで、3000m 級の山を 2 週間で 130km 歩くという面白い旅が成功し、作品化することができた（『北アルプスのダルマ』次ページ参照）。

◀食系アルバイトの思い出（「新・間伐縁起絵巻」より）

山のラーメンはなぜ美味いのか？

森林ボランティア時代、渓流沿いにある古民家をミーティングや週末の宿舎として利用していた。ここでよく料理をすることがあったが、とくに麺類が美味しいのだった。あのインスタントラーメンでさえ、やけにウマいのである。「すっきりしている」「食後感が爽やか」という自然食で感じるような美味しさなのだ。これはおそらく水のせいであろうと思った。そこは沢水を水源とする簡易水道で、新鮮なだけでなく塩素もほとんど感じなかったからだ。長い東京暮らしの中で「水の力」を垣間見た瞬間だった。

▲鰹節を削るには「よい鉋を使う」のが絶対条件だが、それには刃の研ぎと鉋台の調節という難関が待ち構えている

鰹節を薄く削るにはコツがいる。私はアルバイト先の店のおじさんの手元を観察しながら、合理的に削る方法を説明書（左ページ）に表現した。庶民が日常に削るのとプロの板前が毎日大量に削るのとでは、やり方がちがって当然なのだ

◀『丸元淑生のクック・ブック』が出版されたのは1987年。まえがきに「継承すべきわが国の食の伝統を継承して、それがしっかり根づくかたちの家庭料理の体系をつくりあげる」と決意が書かれている。同じ年、私は父親になり、北アルプスの旅に出た

▲『北アルプスのダルマ』表紙
（電子出版サイト http://shizuku.wook.jp/）

▶乾物を主にした全食料リスト（ただしこれに加え、現地でイワナを釣って食べたりした）

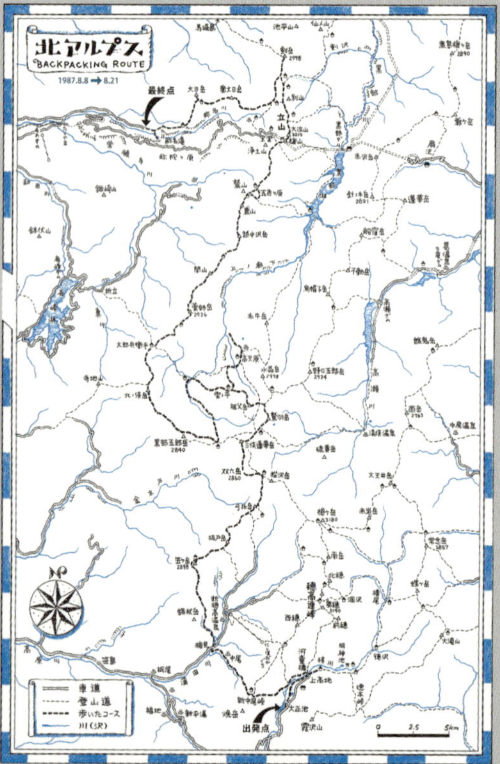

▲『北アルプスのダルマ』14日間全行程マップ

2「とてつもなく美味しい」山の食卓（その１）

山でも鰹節を削る

2004 年の秋、東京暮らしに終止符を打ち群馬で山暮らしを始めた。標高 600m の過疎地で借りた古民家には車が横付けできない。だから荷物は背負って上げなければならない。水は山からの湧き水を黒パイプで引いている。プロパンガスを設置することもできたが、それはせず、すべて薪火の生活をやってみることにした。畑も始めた。野菜はほぼ自給できる。

もちろん鰹節も鉋も持参したが、鰹節が切れたのでかつてのバイト先「伊勢音」にネットで注文すると、宅急便で翌日に届いたのには驚いた。山の水、本物の出汁、畑から直行の野菜、薪の火、これでつくる味噌汁が不味いはずがなく、かくして山のアトリエでは最強のご飯と味噌汁を食べ続けた。

お雑煮の味に感嘆！

さて、およそ５年間の山暮らしの中で、私がもっとも感動した料理は何か？　一つだけ選べと言われたら、躊躇なく「お雑煮」と答える。

2005 年、囲炉裏を再生したその年の暮れに餅を搗《つ》いた。臼は屋敷に転がっていた。が、杵が見当たらなかったので、ヒノキの間伐材で持ち手なしの原始的な杵をつくって搗いた。囲炉裏の燠炭でその餅を焼き、昆布と削りたて鰹節との出汁で雑煮をつくった。ネギ、ニンジン、ダイコン、菜の花は、畑のもの（もちろん無農薬）。仕上げ柚子皮。

これが「あああっ！」と驚くほど美味い。透明で、清らかで、力があって、旨味がふくよかで、全体に鮮烈で、感動がとめどなく、食べているうちに涙がぽたぽたと落ちてきた。都会で暮らしていたときも、杵搗き餅で何度もつくっていたのだが、それを圧倒的に超える美味さがある。都会でどんなに高級食材を吟味しても、超えられない一線というものがある。それをなんなく飛び越えてしまったのだ。

杵搗き餅は木と水の精との合体

何故なのか？　考えてみた。餅というのは水を大変使う。まず餅米を一昼夜水に浸ける。薪火を使って水蒸気で蒸す。搗くときにやはり間の手で水を使って、餅がくっつかないように餅切りをする。おそらくケヤキやヒノキの木の成分も入り込むだろう。餅は「木の精」と「水の精」の合体によって米粒が餅というものに変化する。それを炭火で焼く。すると表面にやや厚い煎餅状の焼き目がつく（それが汁を吸って「濡れ煎餅」状態に変化）のだが、その中はとろりと絹のようななめらかな食感が現われる。

羽釜のご飯（おこげ付き）、自然農でつくったハクサイの漬け物、鰹節出汁の味噌汁、毎日がごちそうだ！

薪火と水、そして自然農の畑から抜き立ての野菜の美味さが、また素晴らしい——これは土だ。すなわち「木」と「火」と「水」と「土」の美味しさが、一杯のお雑煮の中に具現されている。これを食べれば、誰しも自然に対して感謝の念が湧くというものだ。

夏は庭先で冷たい麺を

山暮らしでは麺類をよく食べた。茹で水がいいので麺類はすこぶる美味しい。とくに冷たい麺類にするとき、冷たい洗い水を惜しみなく使える。薪と水はタダなので大量に湯を沸かすことにストレスがない。

冷たい麺類をやるときは庭先で移動式のカマドを使うことが多かった。外の流しを使って水洗いし、外のベンチで食べる。シソやネギなどの薬味は庭先で栽培しているし、家の側の水路にワサビまで自生している。採りたての薬味もまた新鮮・鮮烈なのだ。そして本物の出汁で食べるのだから、どんな高級店でもかなわないのは当たり前なのだ。

餅搗きは最初の「練り」が肝心。ヒノキ丸太で急遽つくった杵で、山暮らし最初の記念すべき餅搗きをする

どんな高級料亭でもこの雑煮の味は出せないだろう

▲外側の焼き目が「しみせん」状態になって美味い
◀香ばしくふっくら焼くには炭火に勝るものなし

◀鏡開きでお汁粉を食べるのも愉しみの一つ。囲炉裏の熾炭を用いてワタシに載せれば焼くのも簡単

炭火は美味い

炭火の焼き魚や焼き肉が美味しいのは周知の通りであろう。薪火の炎のままものを焼くと、表面だけが焦げて中まで火が通らないし、煤まで付いて煙臭くなってしまう。ところがこれを炭に切り替えると、遠赤外線の効果でふっくら焼け、芯まで火が通る。そして美味しそうな焼き色が付く。

炭火は生ものだけでなく、たとえば冷めてしまった揚げものなどを炭火であぶり直すと、不思議と素敵な味わいに変化する。

囲炉裏の火から燠炭をかき出せば即席の炭火グリルができる。昔の山村でよく使われた「ワタシ」は大変便利な生活道具だ。これがあれば、自在カギに吊るされた鍋に汁をつくっておき、ワタシで餅を焼くという二つの調理を同時進行することができる。

木があればこそ

囲炉裏では細い枝でも立派な燃料になり、そこから同時に炭も生産される。枯れ枝は濡れていても２～３日も天日に干せばすぐに燃料になる。枯れ木や枯れ枝を燃料として処理することで、山はスッキリときれいになる。山に空間ができればまた生きた木が育っていく。そう考えるとき、木というものは何と便利なものかと思う。

杵と臼もそうだが、木は料理道具にもなり、箸やヘラなどは簡単につくれる。あるいは敷地の森歩きで見つけた山椒の木から、大小のすりこぎをつくって使っている。それらは長年のうちに削れて短くなる。山椒は薬効があるといい、知らず知らず木を食べていることにもなる。

写真上：２本のＹ字棒を立て、それに棒と吊りカギを渡した野外炉でうどんを茹でる。**写真左**：うどんは湧き水が水源の冷たい水で洗い、ついでに茹でたウドの芽をのせ、畑から直行のネギとミツバを山のように薬味に。**写真中**：スギ棒できりたんぽを焼く。**写真右**：新茶葉を摘んで炭火で煎り、自家製のお茶をいれる

図解・薪火料理のコツ

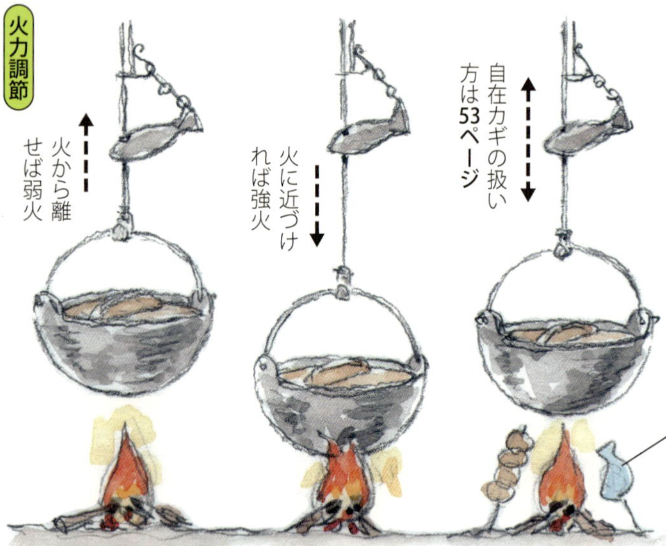

自在カギの上下で火加減を調節する
火力調節
火から離せば弱火
火に近づければ強火
自在カギの扱い方は53ページ
鍋の加熱と串焼き調理を同時進行

弁慶
弁慶の解説は61・120ページ
あらかじめ火を通し水分を減じたものを刺す

自在カギ
吊り鍋
ゴトク
ワタシ

ゴトクで中華炒め
助手に細い薪をくべ続けてもらい強火を維持する
振動で沈まないように灰を搗き固めてからゴトクを刺す

保温調理
鍋を灰に沈ませ周囲に燠炭を置くと、理想的な保温調理ができる
保温調理の解説は19ページ

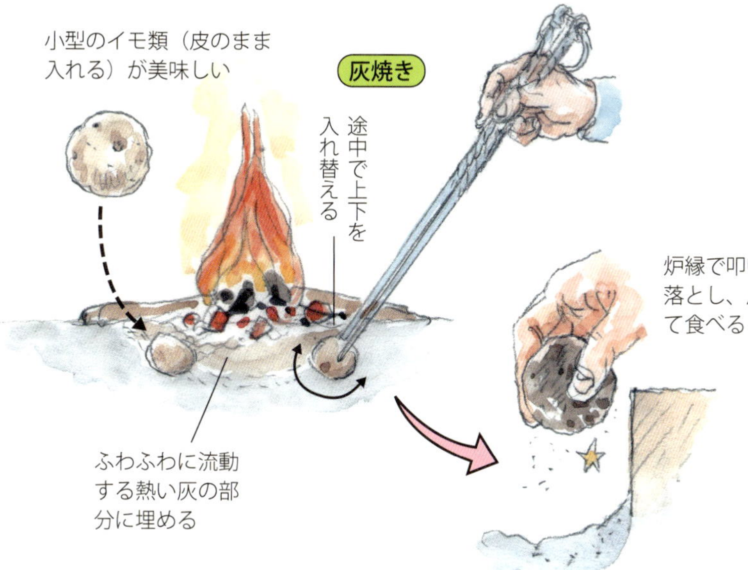

灰焼き
小型のイモ類（皮のまま入れる）が美味しい
途中で上下を入れ替える
ふわふわに流動する熱い灰の部分に埋める
炉縁で叩いて灰を落とし、皮を剥いて食べる

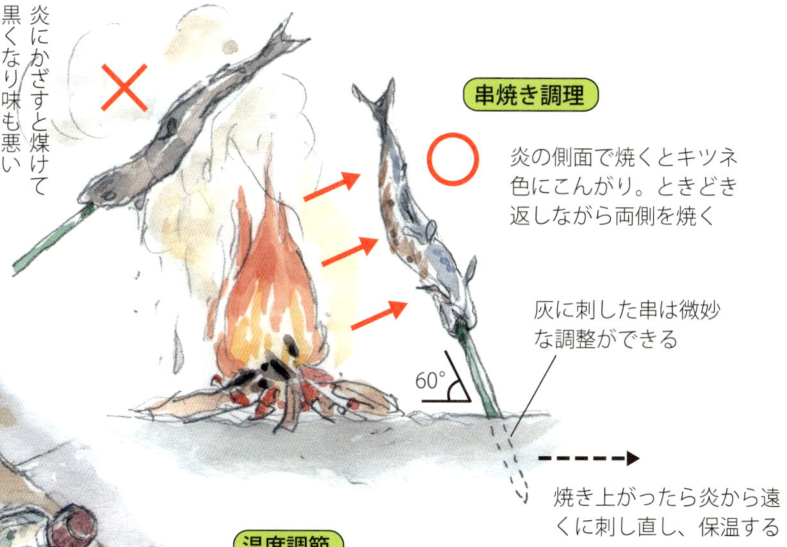

串焼き調理
炎にかざすと煤けて黒くなり味も悪い
炎の側面で焼くとキツネ色にこんがり。ときどき返しながら両側を焼く
60°
灰に刺した串は微妙な調整ができる
焼き上がったら炎から遠くに刺し直し、保温する

温度調節
天然酵母のパン種や豆乳ヨーグルト、どぶろくづくりの発酵温度の維持に

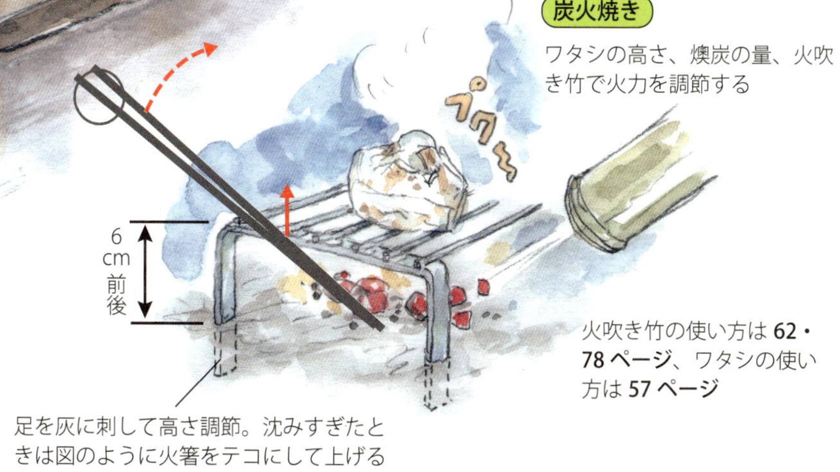

炭火焼き
ワタシの高さ、燠炭の量、火吹き竹で火力を調節する
プク〜
6cm前後
足を灰に刺して高さ調節。沈みすぎたときは図のように火箸をテコにして上げる
火吹き竹の使い方は 62・78 ページ、ワタシの使い方は 57 ページ

囲炉裏の
火と枠内の使い方
1
吊り鍋で味噌汁を仕込む
2
吊り鍋を外してゴトクで煮物づくり
3
煮物は保温調理へ
ゴトクでご飯を炊く
ワタシで干物を焼く
4
煮物や干物を盛りつけ
吊り鍋を戻して味噌を溶き入れる
5
いただきまーす！
ご飯はおひつへ
MASANOBU 2013

3「とてつもなく美味しい」山の食卓（その2）

土がつくる農作物の味ヂカラ

山暮らしを始めた翌春からさっそく畑を始めた。丸2年以上放置された傾斜畑を開墾し、無農薬・無化学肥料の自然農を目指して自家消費の野菜をつくり始めた。周囲の人たち、とくに古くから山村に住む人たちは、畑の草を徹底排除し、耕耘して化学・有機を問わず肥料を入れていく農のスタイルで、出荷作物をつくる畑は土壌消毒もやっているし農薬もかなり使っている。自家用の野菜づくりだけの人は無農薬だけれど鶏糞など有機肥料はかなり投入している。そして草に関しては、どこを見ても徹底除草である。

私たちの畑敷地は放置されてススキまで繁っていたので、最初に草刈りの後クワで開墾して、それらの根を取り去る必要があった。それで土がむき出しになって畑らしくなったが、すぐに雑草が生えてきた。しかし徹底排除はせずに「作物の生長を阻害する雑草だけを取る」ように管理した。農薬は使わず化学肥料もなし。鶏糞などの有機肥料も使わない。まくのは木灰と植物質の堆肥くらいだ。

自然農でできる豆

もちろん最初から作物がよくできたわけではなく、種類によってはできないものもあった。しかしジャガイモとその裏作につくる豆類（地豆のタネを分けてもらった）は初年からよくできた。ハーブ類もよく育った。

この作物たちが実に美味であった。天然の甘みがあり、コクがあり、すっきりしている。豆類は天日で干して乾豆として保存する。それを水で一昼夜かけて戻し、料理に使う。煮豆といえば砂糖を入れて甘く煮るものしか想像できないかもしれないが、私たちは砂糖を使った煮豆はほとんどつくらない。もっぱら豆のサラダや豆のスープとして料理する。豆とジャガイモとハーブをベースにしたスープは実に美味しい。

豆の重要性

スープにとくに出汁は使わない。豆と野菜とスパイスやハーブだけ。これが非常に美味しい。できたては塩で味付けする必要がない。塩を入れるのは冷めたものを温め返すときでもいい。これには水と火の力の他に、当然ながら自然農の畑でつくられた作物そのものの美味しさもあるのだ。

丸元料理の中でもっとも重要な根幹をなすものの一つが豆である。私は都会に暮らしていたときに丸元料理本で豆の重要性と新しい食べ方（豆のサラダ、スープ、豆もやし）を学んだ。豆と穀類を食べ合わせることでアミノ酸の組成を高め、肉のタンパク価に近づく。現代人の肉食過多（高脂肪・低カルシウム・無食物繊維）を減らすには、豆類（低脂肪・高カルシウム・高

白インゲン、ジャガイモ、ニンジン、フェンネルのスープ。友人から分けてもらった種子を畑にまいて、冬越ししたフェンネル株が肥大し、食べ甲斐のある茎になってきた。秋に収穫した豆を一晩かけて水で戻し、根菜と火にかける。このアトリエ定番のスープは、外食では絶対に味わえないものである。澄み切った極上の甘さ、乾豆とは思えぬ味わい。無農薬の野菜、天然の水と薪の火あればこそ……

食物繊維）がカギを握っているのだ。

豆は痩せ地でも無農薬・無肥料・不耕起かそれに近い栽培法で簡単にでき、タネを自給しながら土地をよくし、しかもその豆は土地に合ったものに変化していく。

そういえば、日本では味噌というかたちで大豆がどこでも栽培、消費されていた。醤油、納豆、豆腐など、庶民の食の基盤だった。小豆は祭りの節目に必ず食べた。

豆を食べるために必要な自然

ところが都会では豆は買いにくい。無農薬天日干しの地豆がスーパーで売られていることは皆無だし、自然食品店で買えば高い。料理も面倒なことは面倒だ。

しかし、薪火のある山暮らしでは、火鉢の上に豆の鍋をかけておけば、実にいい火加減で豆が煮えるし、水がいいので「豆もやし」も美味しい。

私たちの山暮らしでは大豆と白インゲンと小豆を毎年欠かさず栽培していた。タネは地元の老人から貰ったものである。山村では、今でもかなりの人たちが地豆を栽培し、自家消費している（種苗会社からタネを買う必要がない）。

全粒粉の穀類

2006年にはソバを、2007年には小麦を初収穫（本当は米をつくって玄米や分搗き米を食べてみたかったが、私が暮らした山では傾斜がきつく、水が冷た過ぎて、棚田ができなかった）。これらは麺類を打つだけでなく、石臼で挽いてチャパティやパンケーキを焼いたり、鍋を使った簡易オーブンでパンを焼いたりした。これに豆のスープはぴったりの副菜になるのだった。

都会で自然食品店から買い求めた全粒粉やソバ粉でつくっていた自然食を、自家栽培・自家製粉で、しかも山水と薪火で調理するのはわくわくする体験であった。石臼で挽いた小麦は天然酵母がついていて、チャパティに練って薪火で焼くと感動的に美味しかった。これもまた、都会に居ては得られない大きな発見だった。

写真左上：小豆ご飯のおにぎり。カマドで焚いたご飯は餅米のようなツヤがあり赤飯風になる。小豆は甘く煮るだけでなく、塩味でカボチャと炊き合わせても美味。**写真左下**：小豆のもやし。ザルとビニール袋で簡単につくれ、蒸してから食べる。山の水と薪火でするといっそう美味しい。**写真右**：初めて小麦を栽培し手鎌で刈入れ。秋播き夏収穫の小麦は草取りがなく栽培は楽だが、収穫後の脱穀・風選・乾燥に多大な手間を要する

4「とてつもなく美味しい」山の食卓（その 3）

天日干しのごちそう

つまるところ、自然農の作物は美味しく、それを天日干ししたり畑直行で料理するとき調味料はごくシンプルでいい。それは山の水を使い、薪の火で調理していることもあるのかもしれない。力のある野菜や穀類は元気な酵母を持つので、発酵食品もよくできる。

山ではシイタケ、豆、干し芋、干し柿、たくあん用のダイコンと、干す作業が日常になっている。いまどき市販品では天日干しの製品など見当たらない（都会では第一空気が悪くて干す気になれない）。山では水、火、土だけでなく、この清浄な空気とセットになった「陽の光」も大切な資源である。

丸元料理本に野菜クズを使ったスープストックの取り方が書いてあるが、スーパーで買った化学肥料・農薬野菜と塩素入り水道水ではやはり美味しくない。自然農でできた豆を天日干しし、それを山の水で戻して薪火で炊く、というこの一連のプロセスがすでに美味を生んでいるのだ。

カビない餅と発酵力

囲炉裏部屋で餅を食べ続けて不思議な発見をした。1ヶ月以上経っても餅がカビないのである。そういえば、ここでは冷やご飯も腐敗しにくい（その冷たく固くなった飯を蒸し器で温め直すと、炊きたてのご飯のような味に蘇る）。

ものがカビにくい、腐りにくいのは、囲炉裏の煙の燻しのせいで雑菌が少ないのかもしれず、無垢の木と土壁による建築の調湿効果によるものかもしれない。

そういえば漬け物やどぶろくなどもよくできる。ほとんど失敗（腐敗）したことがないのだ。囲炉裏部屋

写真左：干し柿を吊るす。天日がごちそうをつくる。秋冬に日照の弱い地方（雨や雪の多い地域）は囲炉裏の火棚を天日の代わりに使う。**写真右上**：どぶろくを仕込む。スギ材を削って専用の撹拌棒をつくった。囲炉裏端ではどぶろくが確実に成功するようだ。**写真右下**：半野生の小さなラッキョウ。洗いや皮むきが一苦労だが、醤油につけ込むだけで発酵し、フルーティな香りと甘みを醸し出す

や土間というのは、善玉菌を使った食品加工に向いた空間なのかもしれない。

ほとんど野草のようにはびこっていた小粒のラッキョウを醤油に漬けておいたら、発酵して炭酸ガスが瓶から出てくる。１～２年すると味噌のような味わいに変わっている。シソジュースも野生果樹の実を使ったジャムでも、こんなことがしょっちゅうある。スムーズな発酵は「健全な食材」のバロメーターでもあるが、薪火を使える暮らしはいまそれらをもっとも具現しやすい空間なのかもしれない。

とてつもなく美味しい食卓はここに

「びっくりするほど美味しくはないけれど、ホッとする田舎のおばあちゃんの味」などという形容で、山村料理を紹介する雑誌があるけれど、残念ながら、いま田舎のおばあちゃんが正しい調理をしているとは限らない。多くは砂糖を使いすぎており、煮しめ過ぎており、化学調味料を知らず知らず使って（使わされて）いる。ラッキョウやたくあんを漬けるときも市販の「漬け物の素」（化学調味料や白砂糖が入る）を使う人が多くなった。畑には素性の知れない畜産由来の肥料を大量にまく。また、囲炉裏やカマドで薪を使う家は少なくなり、塩素入りの水道水を使うことが近代化と思わされている。

現在市販の味噌や漬け物は、原料を無菌状態にしてから人工培養した単一菌を付けて発酵させるものが多い。昔の手づくり発酵食品はそうではなかった。そこに棲む多様な菌群で発酵の生態系がつくられていた。どちらの食品が体に優しいかは明らかだろう。

いま丸元料理本のエッセンスと自然農、薪火を使う暮らしを合体させれば、「とてつもなく美味しい」食卓が出現する。「ひょっとして、いま日本で一番美味なるものを食べているのは、僕らかもしれない」と、私たちは何度顔を見合わせたか知れない。もちろん山暮らしにはつきもののきびしい労働が、味をいっそう鮮やかにしていることも付け加えておこう。

自家製天然酵母をつくる。**写真上**：左がウメと右がフェンネル。一週間後、炭酸の泡が吹き出して成功（**写真下**）。酵母はパンに用い、スープや煮物にも使える

台所を元の土間に改装し、角にカマドストーブ「マッキー君」を入れた。土間なので移動カマド「ちびカマ君」で煮炊きもできる。現代住宅が失った土壁の調湿と、煙の防腐効果が、発酵食品をうまく仕立てる

5 囲炉裏料理の流れ——煮鍋〜ドングリコーヒー〜タコ焼き

暮らしの中の薪火料理

さて、ここからは実践メニューを過去の日記から紹介し、写真・イラストで補完することで、薪火暮らしのノウハウと愉しみをお伝えしたい。まずは山暮らし２年目のある冬の日記から。

＊

朝から囲炉裏の火で豚バラ肉と昆布、ジャガイモ、ダイコンの鍋をコトコトと煮続ける。昼頃、Y先生とかねてから約束しておいた竹伐りと、ユズの木を見に行く。アトリエ敷地には竹と柚子の木がない。それを話すと「ウチの竹を伐ればいいよ。柚子の木もあげるから」とY先生。

竹は今がちょうど「伐り旬」だ。他の季節に伐ると虫食いにやられる。加工モノに使うにはモウソウチクよりマダケがいい。しかし伐る本数や位置について、Y先生の指示は厳格だ。山暮らしにおける「所有」の概念と手入れのきびしい感覚を教わった。

少し離れた場所にY先生が植えたユズの木が数本ある。植林後20年経っているという。移植するにはちょうどいい大きさかもしれない。僕らはその中から枝振りと実着きのいい木を１本選んだ。

「今日からこの木は君たちのものだ。移植するのは年明けの早春頃がいいが、果実はいつでもここに採りにくればいいよ」

お言葉に甘えて、僕らはその日、さっそく数個のユズを採取し、伐った竹とともにアトリエに荷上げした。

竹をさばいていると連載中の『現代農業』（農文協）が届いた。次いで郵便で先月の紙芝居ライブの感想が届けられた。今回は「灰」の特集で、それにも寄稿したのだが、本を通読すると、僕らが灰に関して思っていたこと実践していたことが、かなりの核心に迫っていることが感じられた。小学生の直筆の感想文は本当に嬉しく、勇気づけられた。

相方が乾燥したドングリをローストしてコーヒーをいれてくれた。香りは麦茶のようだが、味わいはコーヒーにかなり似ていてなかなか旨い。

バラ肉の煮物は最初スープだけを少し貰ってそれで冷たい蕎麦を食べた。夕刻、囲炉裏でとろとろに煮込んで柔らかくなったところへハクサイと豆腐を加えて食べる。この感動的な美味さをどう伝えたらいいのだろう。「私も大内さんのように森に住んでみたい」と書いてきた小学生に食べさせてあげたい！

メインはタコ焼き。「ピチット」（※）で脱水しておいたタコ、アトリエ産のネギとショウガ、削りたて鰹節、仕上げは「オタフクソース」のタコ焼き用のもので。多めにつくって余りは明日の朝、囲炉裏で網焼きしてまた食べるのである。

（神流アトリエ日記 2005/12/2）

＊

囲炉裏を中心とした薪火の暮らしでは、鍋を中心にメニューを構成するのが便利だ。これは材料と調味料であらゆるバージョンが考えられ、１回で食べきれないものは次の食事に使い回しして、後にご飯、雑穀、麺類などを投入して雑炊や煮込みにして食べる。おそらく縄文人、古代人はこの方法で食べてきたはずだ。

その際、季節に応じた薬味や、漬け物などの発酵食品を使えば味覚のバリエーションが広がる。そのためにフレッシュな柑橘やハーブはぜひとも用意しておきたい。

※**ピチット**……浸透圧を利用して食材から余分な水分と生臭みを取り、うまみ成分を濃縮する食品用脱水シート（オカモト株式会社 http://www.pichit.info/）

写真左：竹は串やヘラ、しゃもじなど台所道具をつくれるので便利。**写真中**：Y先生のユズの木を移植中。**写真右**：移植に成功して初めてもいだ青柚子を薬味に

朝（仕込み）

朝の仕込み。豚バラ肉、昆布、ジャガイモ、ダイコンを朝からコトコト煮る。やわらかな火加減でじっくり煮るのは囲炉裏は得意

鍋を自在カギから外して灰の上に置き、底の回りに赤い熾炭を添えて保温調理。傍らでドングリコーヒーのドングリを焙煎

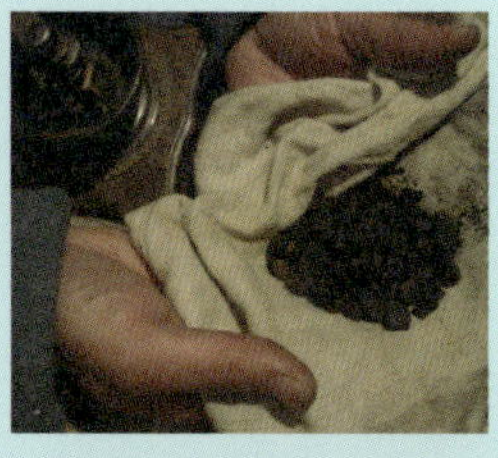

煎ったドングリはミルで挽いてドリップでいれる。今回はマテバシイを使用

昼食

昼食は煮物のスープだけ貰って醤油味で冷たい蕎麦を食べる

とろとろに煮込まれて柔らかくなったバラ肉鍋に、ハクサイと豆腐を加えて食べる。柑橘を薬味に

夕食

スープの残りは片手鍋に移して明日の雑炊に。第二のメインはタコ焼き

6 薪火でジャムとツナ

弱火で焦がさず、保温調理……が得意

ジャムにかぎらずコトコト煮込む調理、これが薪火は得意なのだ。薪を入れず放っておけばやがて炎は消えて火力が落ちる。だから放置しても焦げつかせることがない。炎が消えた後も、燠炭が残るので急激に炉が冷えない。だから保温調理が続く。1章でも書いた通り、これがものを美味しく加熱するコツの一つなのだ。長く火を使っても薪なら燃料がほとんどタダ。薪火はその不便さの裏側に、様々な利点がある。

＊

水路の梅の実が黄色く色付いて落ち始めていた。なかには茶色くなって中身が完熟し、とろとろの甘柿状態になっているものもあり、手にしてみると爽やかな発酵臭がある。中身をちょっとなめてみると、酸っぱくてなかなか美味しい。「これはこのままジャムになる！」と思った。昨年の晩秋に敷地の柿を、その熟したものを食べた。高価なブルーベリージャムの一瓶よりもそのカキの1個のほうが量が多かった。これはほとんど自然のジャム？

山村ではカキやウメなどかつての果樹が利用されないまま放置されている。さっそくネットでウメジャムのつくり方を調べてみる。ようするに熟した実から果肉だけ取り出して砂糖で煮ればいいだけだ（何と簡単！）。ジャムというのはもともと食べきれない果実の保存法なのだろう。小鍋に一杯分のウメを拾ってきて、水で洗ってから皮を剥き、竹べらで果肉をこそげとる。タネの周りのぬるぬるは取りにくいが、最後に何個か手のひらに入れてぎゅっと搾るようにするとけっこう取れる。鍋で煮るとなんともいい香り。水路

①落ちたウメの実を採取②タネを取り果肉だけを鍋へ③砂糖を適宜入れ、薪火で煮る④すぐに食べても美味しいが、煮沸消毒した瓶に詰めれば長期保存も。写真は約1週間後の色

1mに落ちていたぶんで、採取からジャム完成まで2時間もかかってない。

ついでに、ジャガイモと物々交換したマグロの切り落としがあったので、ピチットに入れて脱水し自家製ツナをつくってみた、昆布、干し椎茸、ショウガ、ニンジンの葉っぱ、ネギの青いところ、コショウ、タイム、月桂樹、これをコトコト煮出して野菜スープ様のものをとり、それにマグロを入れて煮る。ピチットをかけておいたせいかアクはほとんど浮いてこない。火から鍋を外して冷まし、そのまま冷蔵庫で保存し、ほぐして使う。オリーブ油をかけておくと長持ちするそうだ。これもネットで調べたもの。

今日はいろいろとお世話になっている方々にジャガイモをお届けした。

（神流アトリエ日記 2005/7/16）

手づくりツナ

①出汁素材、香味野菜、スパイスを煮出す②刺身用のマグロを入れ、火が通ったら鍋のまま冷ます③ほぐして使う。オリーブ油に漬ければ保存可

木の実でジャム

◀キイチゴ

◀クワの実

◀クワの実ジャム

そば粉のパンケーキにリンゴソースとクワの実ジャムを添えて

7 豆のスープ

豆をやさしく煮る薪火

豆のスープは都会にいた頃もたまにつくってはいた。しかしそれは、健康を考えてのことで、べらぼうに美味しいと思える料理ではなかった。ところが山ではちがった……。

＊

朝は火を起こしてコーヒーをいれ、残り火でジャガイモとニンジンと豆（白インゲン＋小豆）のスープをつくった。ニンジンはたしか2週間前くらいに収穫した残りを土間にほったらかしにしておいたもので、水分が抜けてシワになっていたが、水を流しながらたわしで表面をこすってから切って煮たら、ふつうのニンジンに復元した。

このスープ。残り火にスギ薪の細いのを何本か放り込んでワッと火勢を上げ、鍋をいったんグラグラと煮立たせたら、あとはそのまま熾火で放っておけばいい。30～40分もすると（その間は机で仕事をしている）、熾がなくなるから、また火を起こして煮立たせ、塩をほんの少し入れ、パセリを散らせばできあがり。この自作パセリがまた美味い。カシの木の下の簡易畑で栽培したものだ。

無農薬で肥料は堆肥と木灰だけ。その豆と根菜のスープの味は濃厚で深い。自分たちの収穫の味に感動した後、ふたたび仕事にかかっていると、相方がムカゴを茹でたのとハーブティーを持って来てくれた。

（神流アトリエ日記 2005/11/13）

＊

旅がいまのように快適でなかった時代に宿にたどりついた旅人に生き返らせるような食べ物はスープだった……というような書き出しで、丸元淑生の料理本『スープ・ブック』（講談社 1999）は始まる。英語にはハーティ・スープという言葉がある。

「ハーティ（hearty）という語は食事やスープについたときは、実質的な、たっぷりの、栄養のあるという意味になりますが、スープを形容するこれ以上の適語はないように思われます」「現代人はいま豊かな食材に恵まれて快適な生活をしていますが、大多数の人の食事を栄養的に見ますと、実は過酷な旅をしている旅人の状態ということができます」（同書）

なるほど。日本人にとってスープといえばやっぱり味噌汁。本物の出汁と本物の味噌、それに様々な野菜

アトリエ定番の白インゲンと野菜のスープ。パンやチャパティはもちろんだが、ご飯と合わせても美味しい

本文1のジャガイモとニンジンと豆（白インゲン＋小豆）とパセリのスープ。小豆が溶けてスープに色がつく

本文2のヒヨコ豆（市販品）と野菜のスープ。ハーブは月桂樹の葉、パセリの茎、フェンネルの実、ローズマリー、ショウガ

◀収穫したての白インゲン、天日で干して常温で保存する

の具を入れた味噌汁は、日本のハーティ・スープだろう。でもパン食に味噌汁は、やっぱり合わない。

アトリエでは豆のスープをよくつくる。ジャガイモは自家製の常備が、ニンジンは畑にあるので、前夜水に漬けておいた豆にこれらを加えて、好みでタマネギなどを入れ、あとはアトリエにあるハーブを入れてことこと煮込む。月桂樹の葉、パセリの茎、フェンネルの実、ローズマリー。今回はヒヨコ豆だったのでショウガも入れた（ナリは小さいけど自家製）。

丸元氏は同書で、スープの土台となる魚や野菜のストックの重要性を説き、そのストックがない場合は水でもいいが、その場合「材料の組み合わせだけで味をまとめることになりますので、完成されたレシピから少しでも量を変えると味がまとまらなくなってしまいます」と書いている。

が、そんなことはない。アトリエのスープは毎回テキトー（しかもストックなしで水だけ）だが非常に美味しい。その透き通った甘さ、滋味、まさにハーティ・スープであると思う。いい水と、薪の火、採りたての無農薬野菜（ハーブも含めて）のチカラは、「レシピの黄金律」など軽く超えてしまうのだ。

月桂樹の木（これはもともと敷地に生えていた）も、パセリも、ローズマリーも、ショウガも、肥料も農薬も要らず簡単に栽培できる。安心してなんでもスープの材料や香りつけに利用できる。

30 分車を運転して町に降りるとスーパーがあり、そこでは外国産トウモロコシを原料に化学調味料が混入されたインスタントスープと、ペットボトルに入ったミネラルウォーターが売られているのが、不思議に思えてくる。

この頃、スーパーに行くと、買いたいものがほとんど見つからなくて困る。

（神流アトリエ日記 2007/11/21）

＊

山に住む人は地元の豆を手に入れ、ぜひ無農薬でつくってみてほしい。地豆は何代にもわたって土地に適応したタネだから、無農薬で、肥料は木灰程度で簡単につくれるはずである。

市販のグリーン・スプリットピー（乾燥エンドウ豆）のスープ。薪火でことこと 45 分。硬い乾燥豆がやわらかく煮崩れている

イエロー・スプリットピーのスープに生ウコンのすりおろしを入れてみる。フレッシュハーブが使えるのが山暮らしの強み

牛スネ肉をあらかじめ煮ておき、豆と野菜のスープと組み合わせた例。ニンニク、トウガラシ、コショウ、月桂樹の葉。食べるとき味噌を溶かしつつ関西おでん風に

8 旬を薪火で

春を茹でる

身体が緑に染まりそうになる五月の山。萌え出る山菜や青菜をわしづかみに摘んで、たっぷりの湯を沸かし薪火で茹で上げるのは、実に爽快な気分である。

＊

今年は敷地のミツバがふえた話を書いたが、フキもふえた。優勢になるように草刈りを調節していたのだ。

若いフキは皮を剥かず適当に切ってそのまま鍋に入れ、醤油と酒と砂糖で煮てキャラブキにする。箸でかき混ぜると皮の繊維が絡まるので、鍋を動かしてときどき天地を返してやる。一晩冷ましてからまた火にかける、ということを繰り返すと味がしみるというが、僕らはいつも省略。プロは銅鍋を使うらしいが僕らはステンレスの片手鍋で。

太めのフキはまずお湯で煮て水にさらし、皮を剥く。そこで適当な長さに切って昆布と鰹節の合わせ出汁に酒と醤油を入れたもので炊く。これはこれ、薄味で美味しいものである。写真（中下）の左がそれ。右の黒っぽいのがキャラブキ。冷蔵庫で長期保存がきき、お茶漬けにもよし、細かく刻んでおにぎりの芯にもまたよい。

ウドは山から畑に移植したものが今年も大きく芽を出した。全部芽を摘んでしまうと弱まるので来年のぶんを育てながら収穫する。それでも食べきれないほど出てくる。それも収穫時期限定なのである。地面に近い付け根の部分を生で齧るのが美味い。ニンジンときんぴらにしても美味しい。葉っぱは天ぷらに。

食べきれないものは塩で揉んで一晩ザルにおき、皮を剥いてから味噌に漬ける。この緑が味噌のエキスを吸って茶色に染まる頃、刻んで日本酒のアテに、お茶

荒れ地を草刈りで整備すると翌春から少しずつフキが生えてきた

写真左上：フキを湯がく。**写真右上**：タケノコを湯がく。春は移動式カマド「ちびカマ君」が庭先で大活躍。**写真左下**：出汁で淡く煮たフキ（**左**）と、醤油と砂糖で甘辛く煮たキャラブキ（**右**）。キャラブキは皮を剥かずにつくる。翌日煮返すのがコツ。銅鍋を用いるとプロの味に

漬けに最高！

「必須栄養素でしか食品を評価していなかった時代には、ウドにはカロリーもないが栄養もほとんどないとして、香味が好まれているだけの、栄養価のない野菜のように言われていた。しかし現在では、植物の生長に必要な物質と、それを作り出すために必要な酵素が豊富な、生命にあふれた野菜であることが分っている。栽培されるようになってからでも千年以上の食用の歴史のあるウドは、春にしか摂ることのできない貴重な植物栄養素を供給してくれる野菜である。」（『よい食事のヒント～最新食品学と 67 のヘルシー・レシピ』丸元淑生／新潮選書、2003、82P）

朝食兼昼食は豆と野菜のスープ。今日は大正金時豆とニンジンとジャガイモ。月桂樹、フェンネル、ショウガ、ニンニク。塩。金時豆は買ったもの。

（神流アトリエ日記 2007/5/18）

ゼンマイ

ゼンマイは茹でてから木灰で揉み、そのまま水に漬けてアク抜き

キノコ

秋のキノコと囲炉裏は最強の組み合わせ！　野生を薪火で味わう

ウド

太く育った山ウドをカレーに

ご飯を炊きながらカレーを保温、の裏ワザ

▶自在カギで鍋を火に沿える▼

皮は捨てずにきんぴらが美味しい

◀ふつうにカレーをつくって最後にぶつ切りウドを投入

9 コンニャクをつくる

灰汁《あく》の濃さと水分調整がポイント

群馬の山村はコンニャクの産地で、実際古い畑を開墾し直せばたいがい根の玉が潜んでいて、ひとりでに生えてくる。三年くらい経って大きくなった根を掘り起こして生コンニャクをつくる。今では凝固剤に炭酸ナトリウムを使うが、昔はどこでも草木灰を用いたのである。

＊

前に失敗したコンニャクづくりに再挑戦。前回は灰汁の濃度が薄かったのだ（水も入れすぎた）。前回は鍋にとった灰に水を加え、数日後の上澄みを灰汁とした。今回はもっとたっぷりと灰を使い（囲炉裏の中央から採った）、和紙を敷いた竹ざるの上に灰をのせ、その上から熱湯をかけてボールで受けた汁を冷まして使った。色は透明っぽい茶色。舐めてみると「ゲーッ！」という苦渋さ。前と全然ちがう、イイゾ♪

イモの皮を剥いて5cm角くらいに切って竹串が通るほどに茹で、それをすり鉢に入れてすりこぎで搗き、すった（前回はおろし金ですりおろした）。それを鍋にとり、灰汁を少しずつ加えながらゴム手袋をした手で激しくかき混ぜる。今回もユルかったが、しばらく置くと固まった！

それを包丁で切って茹でる。時間はかなりかけた。あれだけニガい灰汁をかき混ぜたのに、刺身で食べてみると灰汁の苦みはほとんどない。しかし、ちょっとぶつぶつ感が多すぎるように思った。もう少しなめらかになるまで搗いたほうがいいのだろう。ここはミキサーで砕く人が多い。ともあれ、灰汁で固まることがわかった。

（神流アトリエ日記 2006/1/14）

灰汁でつくる
コンニャクイモ
三年子の生イモ（約400g／半野生なので栽培種より小さい）
① 沸騰した湯に木灰を入れよくかき混ぜ、あら熱が取れるまで放置
② コーヒードリッパーにキッチンペーパーを敷いて濾す
③ イモの重量の3倍の湯に皮を剥いたイモをすりおろし、火にかけてよく混ぜる
④ 少し糸をひくようになったら灰汁を入れていくと固まる
⑤ 冷めたら切り分けて浮き上がるまで湯がいて出来上がり

これは2008/10/29に相方がつくったもの。一番うまくできたかもしれない。刺身をワサビの茎を叩いた薬味と醤油でいただく

10 おでんとホットワイン

極上の囲炉裏おでんを

囲炉裏でつくるおでんは本当に美味しい。材料もさることながら、薪火の保温調理が素材を生かし、味をしみこませるのが大きいと思う（19ページ「蛍火と保温調理が簡単に」参照）。翌日まで残ったら、うどんやご飯を入れて汁も残さず食べてしまう。

ちなみに、とき芥子はチューブじゃなく缶入の粉を湯で練るのだが、囲炉裏はいつも湯が沸いているのでふつうのお宅で「電気ポット」が常備されているのと変わらず、便利なものです。

＊

旅から戻ると囲炉裏。この振幅の強い「振り子」のような生活が好き。実際僕は、旅によって考えを深化させるタイプのようなのだ。相方も旅が大好きだ。

昨日おでんを仕込んだ。もちろん前につくったコンニャクを入れた（注：前ページの記事のもの）。鏡開きした餅をオアゲに入れた巾着も。これがまた美味しい。ベースは昆布と鰹節の出汁だが、先にじっくり煮込んでおいた牛スジ、それにタコ焼きで残ってしまったタコも入って、出汁はいっそう豊かな味になった。それに山の水と薪火だものな。

足利（栃木県。当時住んでいた近くの町）のおでん美味しかったけど、やっぱりアトリエのには敵わないね。ところで、書き忘れたが、足利のそのおでん＆やきとり屋さんで面白い飲み物を体験した。「ホットワイン」である。安ワインの赤をお燗してあるのだが、中に干しぶどうとシナモンスティックが入っている。これはこれで美味しくて、その味のアイデアに嬉しくなったのでした。

（神流アトリエ日記 2006/1/18）

おでん＆ホットワインレシピ
鰹節
昆布
おでん
鰹節と昆布で出汁を取り
味醂・酒・醤油で味付け
出汁を取った昆布をかんぴょうで巻いて具に
コンブ
牛スジ
サツマアゲ
アツアゲ
タマゴ
コンニャク
ダイコン
サトイモ
タコ
ギンナン
ジャガイモ
ホットワイン
スパイス入りの赤ワインを
とっくりに入れ鉄瓶で燗する
干しブドウ
乾燥ユズ皮
クローブ
シナモンスティック
コリアンダー
カルダモン
スパイスの他、リンゴやイチゴなどの果物も合う。燗したものを2〜3日寝かせてから温め直して飲む方法もある。この場合は砂糖や蜂蜜で甘くつくっておいたほうがよい

手づくりコンニャクと杵搗き餅が入った囲炉裏おでん。唯一の欠点は外食のおでんが食べられなくなってしまうことなのだ

11 エゴマ入りチャパティ

パンの原型ここにあり

石窯でパンを焼くのは大家族やイベントでやるならいいが、小さな家では薪がムダになる。そもそもパンの仕込み自体がけっこう面倒だ。というわけでチャパティ。

＊

今年はエゴマをまいてみたが、葉っぱはごわごわしすぎて、味は苦く、香りも強烈すぎて食べられなかった。こってりの焼き肉などをこれに巻いて食べればバランスがいいのかもしれないが、アトリエの食卓はほとんど菜食に近いので使い切れなかったのだ。が、そのまま放っておいたら花が咲き、タネがいっぱいできた。

花穂の構造はシソと同じだが、より大きく、なにより香りが独特だ。縁側でタネ取りしていると、その香りが部屋中にたちのぼる。このエゴマのタネはαリノレン酸が多いとかで、食用油の原料として見直されているらしい。油をとるにはナタネのようにタネを圧搾するのだが、ただ炒ってゴマのように食べることもできる。炒ったものをチャパティに混ぜ込んで焼いてみた。非常に美味しかった。

今年畑でできた小麦を石臼で挽いた全粒粉と、市販の群馬産地粉を１：２くらいの割合で混ぜ、水と塩少々を入れて練って、一晩寝かせておく。それを囲炉裏でふた付きの鍋（ステンレス３層鍋）で焼いて食べる。

この方法だと、手間も燃料もかからない。鍋底には最初にごく薄く油の被膜をつくっておけば、何枚焼いても焦げつくことがない。直火で網焼きだと熾炭を使わねばならないが、鍋ならスギ枝薪の炎でも OK だ。しかも一度に大きなサイズが焼けて効率がいい。石臼で挽く手間はかかるが、市販粉の割合を多くしてその手間を少なくする。しかも、全部が全粒粉よりも、精白した地粉の割合を多めに混ぜたほうが、口当たりがよく美味しい(それでも色は十分に茶色)。群馬県では、精白地粉は直売場などで新しいものが手に入る。

もうすぐ開花する畑のエゴマ（撮影 2008 年 10 月 1 日）。タネの収穫は 11 月中頃になる

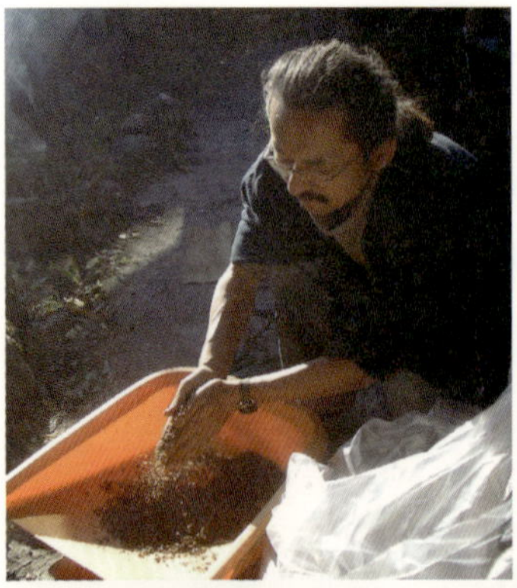

写真上：乾燥させたエゴマの実を手で揉み、殻を粉々にする。箕を使って風選。**写真下**：エゴマはシソに似て、独特の香りがする（**左**）。手で揉むと灰色のタネが出てくる（**右**）

全部が精白した地粉のチャパティと、石臼挽き全粒粉を３割混ぜたチャパティとを比べてみると、後者のほうが層状にふんわりと、柔らかな食感がある。寝かせている間に、小麦の中の天然酵母が自家発酵をしていると思われる。だから、砂糖はまったく入れていないのに甘みがあり、食べて非常に美味しく感動がある。

石臼はちょうど２年前の12月に買ったものだ。骨董屋で昔のものを買い求めたのではなく、農業資材センターで買った新品だ。最近のものは高い技術で精巧につくられており、軽く回しやすい（値段は12,800円だった）。このサイズはもともと抹茶用なのだが、ゆっくり回せば小麦でもソバでも挽ける。下側に粉受けがデザインされているところが新しく、心棒は金属（真鍮）が使われている。材は御影石（花崗岩）だが、おそらくコンピュータ制御された機械で彫られているのだろう。

この石臼にしても、ステンレス３層鍋にしても、現代の技術があって登場したもので、これを囲炉裏の暮らしに取り入れれば、また新たな田舎の食文化も生まれよう。

この頃思うのは、自然食や健康食のレシピというものは、本当は農から加工から食までトータルに見ていかねばならないということだ。「小麦の全粒粉は栄養価が高く、食物繊維が豊富で健康にいい」といわれても、現実には、輸入小麦はポストハーベスト残留農薬が多くて、それは外皮に多く残るので「輸入小麦の全粒粉」はかえって危険だといわれている。

いま天然酵母から石窯まで、自然食系の様々なパンづくりのノウハウが公開されているけれども、暮らしの中にそれを取り入れるなら条件は

- 栄養価が高く安全安心
- 美味しくて毎日食べ飽きないこと
- 料理手間がそこそこ
- 燃料コストが低いこと

ということだろう。これらを考えたうえで絶対に外せないのが「小麦の自家栽培」と「石臼製粉」である。そして燃料として「薪火」を使うことだが、昨今流行の石窯は、薪ストーブと同様に薪を大量消費するので、僕らは「鍋焼き」を考えた。しかもチャパティにすることで調理手間を最短にすることにしたのである。発酵時間をもたないチャパティは、パンのふくらみや柔らかみがないので好まれる食べ方ではないが、挽きた

写真左：花崗岩でできた抹茶用の現代石臼は精度が高く、ハンドルが軽いので女性でも簡単に扱える。
写真中：チャパティは途中で返して両面に焼き色をつける。ふたをすることで多少蒸される。
写真右：エゴマ入りチャパティはそのままでも美味しいが、バターやハチミツもよく合う

ての粉を混ぜるとそうではないようだ。

小麦は前日に挽いて夜のうちに練っておく。翌日食べるぶんだけ、前夜に挽く。削りたての鰹節が、袋入りの削り節と似て非なる美味しさと豊潤な香りを持つのと同様、これで油分のある小麦胚芽周辺の酸化を極力防ぐことができる。また、電動ミルは挽くうちに熱くなるが石臼はそうはならないので、酵母が熱や振動から守られる（酵母菌は熱に弱く 40 度以上になると死滅し始める）。

一晩寝かせるだけで自家発酵が進むのは、塩素の入らない水を使う、無農薬・天日乾燥の小麦であること、だけでなく、直前の石臼挽きというところにも秘密があるのではないだろうか。小麦の中の酵母が、最後の最後まで元気に生きているのだ。

考えてみればこのパン（チャパティ）は栽培から乾燥・製粉そして焼くまで、電気もガスもまったく使わない。太陽と森の恵み、そして人力だけである。それが、すこぶる美味しいということが、なんとも感動的ではないか。

ちなみに、僕も相方も、小中学校時代は白パンの学校給食で育った。アトリエに来るまでは畑も経験がなく、これまで石臼には触ったこともない。

（神流アトリエ日記 2007/12/9）

鍋オーブンで焼くピザ・パン

チャパティは鍋でも焼けるが、ピザやパンはオーブンがないと焼けない。ところが、鍋ぶたの上に燠炭をのせれば、鍋もオーブンになる。

アウトドアで使うダッチオーブンにも燠炭を用いる同じ調理法があるが、ステンレス 3 層鍋や鉄のフライパンに金属製のふたを組み合わせると、同じことができるのだ。この道具だとダッチオーブンほど重くないので囲炉裏やカマドでも扱える。ただしふたのつまみが金属性であることが条件で、プラスティック製ならネジを外して金物で自作すればいい。パンの場合 20 分くらい空焚きすることになるので、薄手の鍋は向かない。

アイルランドやスコットランド高地地方、ウェールズでは、同じようにパン生地をふた付きの鉄か陶器の容器に入れ、直火の灰の中に埋める方法がある。ピートを燃料とする地方ではこの方法が主流だという（ジョン・セイモア『イギリス手づくりの生活誌』東洋書林 2002）。前出の陶芸家、吉田明氏（**26 ページ**注）は、自著の中で縄文土器によるパン焼きを紹介している。

ふたは厚みのあるアルミ製

鍋底に石やアルミホイルをくしゃくしゃに丸めたボール

ふたの上に燠炭をのせ、火吹き竹で風を送る

金網やアルミホイルを敷いてピザやパン生地をのせる
下の火は弱火

※フライパンでの調理例は 1 章 **18** ページに写真

12 おやき

おやきは山村文化の結晶である

群馬県の集落支援員の仕事で神流町の山村を回ったとき、昔の囲炉裏やおやきづくりの話を聞いた。薪火暮らしを体現してきた方々の話は深く、たくさんの感動をいただいた。

＊

集落支援員で区長さんのお宅へ。奥様の写真を『聞き書　群馬の食事』（農文協 1990）のカラーページでお見受けしたのでその話をすると、本を持ち出してきて昔の食の話に花が咲いた。当時の撮影メンバーはもう皆さん亡くなられたそうで、囲炉裏の写真のお家も無人だそうだ。

驚いたのは、ここ持倉（群馬県神流町）にもかつて立派な水車があって、麦搗きや粉挽きがなされていたことである。小麦は１番粉をうどんに、２番粉をおやきにしたそうだ。おやきの厚みは2cmほどもあり、中に味噌を練り込んだり、古漬けを刻んで入れたのである。それをまずほうろく（鉄平鍋）で両面をよく焼き、それを囲炉裏の灰の中で焼いたのだそうだ。最初に表面を焼くことで、灰が着きにくくなる。

これを聞くと、イベントなどでよく焼かれているおやきとは似て非なるものだということがわかる。イベントでは地粉は使うが電動挽きの精白した粉を水道水で練り、ガスや電気のプレートで焼く。そして厚みが違う（イベント仕様はもっと薄い）。

一方、昔のものは……

1）石臼で挽いた自家製粉であること（それも挽きたてであること）
2）ふすまが含まれた全粒粉であること
3）保存料を使っていない古漬け（乳酸菌が芳醇）もしくは自家製味噌（これまた同じ）
4）そして練り水が山の水（塩素殺菌なし）であること
5）鉄鍋で焼き、灰の中で炭火の遠赤外線による蒸し焼きをしていること（だから2cm厚でも火が通る）

イベントの屋台でおやきを食べて、「ああ素朴な味ぃ～。でもやっぱ、ハンバーガーのほうがいいや」なんて思ってはイケナイのだ。私は、自分で無農薬の小麦を栽培して実際に石臼で挽いてチャパティをつくり確

写真左：標高約900mの持倉集落からの眺め。「天空の集落」と呼称され、徳島県祖谷渓辺りの雰囲気に酷似する（同じように平家の落人伝説がある）。**写真上**：持倉のＩさん宅にて掘りごたつでお茶をいただきながら話を聞く。ここではエゴマは「いぐさ」と呼び、田楽味噌で食べられていた

かめた。だから、素朴なことは素朴だけれど、もっと遥かに感動的に美味しいものなのである。真のおやきというものは。

（神流アトリエ日記 2009/9/29）

＊

集落支援員で、持倉Ｓさん宅へ。ちょうど娘のＫ子さんが町から来ていらして、一緒に話を聞くことができた。

Ｋ子さんによると、昨年亡くなられたお母さんはとても料理が上手な人で、子供の頃はここではお菓子などが買えないのでかりんとうなども手づくりしてくれたそうだ。羊羹もつくったし、青ジソを入れたホットケーキ様なものも美味しかった。

囲炉裏が健在の頃、おやきもよくつくってくれた。Ｋ子さんは中にサンマの焼いた身を入れたおやきが大好物だったそうだ。味噌、醤油も自家製。隣の家との間に大きなカマドを置いて大豆を茹で、石臼で挽いて豆腐も自家製だったという。田楽もよくつくった。茹でた小ジャガの皮を剥き、竹串に刺して「いぐさ味噌」をつけて焼く。「いぐさとは？」と訊くと、Ｋ子さんが一升瓶に保存してあるそれを見せてくれた。それはエゴマだった。エゴマのタネを炒り、すり鉢で擂《す》って味噌と合わせたものが「いぐさ味噌」だ。それなら美味しいのが想像つく。

Ｋ子さんは私と２学年しかちがわないのだが、さすがに山村での原体験の濃さは半端ではない。小学３～４年まで薪風呂で、自分で燃やす手伝いをしたことがあるという。小学校は４年生までは椹森の下にある船子分校まで歩きの往復。そして５年から中学までは万場の本校なので寄宿舎生活で、土日だけ持倉に帰ってくる。中学１～２年までは自炊だったそうだ（年長者が中心になってつくる）。それ以降、賄いの人がきてつくってくれるようになったが、やはりお母さんの手料理のほうが潤沢で美味しく、土日に家に帰れるのが待ち遠しかったという。

「考えてみれば信じられないような生活でしたね。今の子供たちだったらとてもできないし、親がさせないでしょうね。でも、貴重な体験をさせてもらったと今では思います」

なにしろ、父母はもっと大変な暮らしを通過してきたのだから、女の子でも送り出すことができたのだろう。

（神流アトリエ日記 2010/1/27）

＊

本物のおやきは灰の保温力と熱伝導性を利用した蒸し焼き料理。熱い灰の中は小さなオーブンのようなものだ。焼きサンマの入りのおやきは、「アンチョビを載せたピザにも似た味」――を想像する。

山の水と囲炉裏で料理をつくり始めると、だんだん油料理から遠ざかっていく。炒め物や揚げ物は、実は日本人が美味しい水や、薪火や炭火を失ったために、その美味しさの消失をまぎらわすために迎えられ、発展した料理ではないか？　などと考えてしまう。

私たちもおやきをつくってみた。すき焼き用の鉄鍋で両面を焼き（**写真右**）、その後炭火でじっくり焼いた。中のあんは夏に大量収穫して古漬けにしたキュウリ。それを塩抜きした後、油で炒め味噌で味付けしたもの。小麦は白い地粉と自家製の石臼挽き全粒粉を混ぜたもの

13 おっきりこみ（煮込みうどん）

挽き粉と囲炉裏でつくる完全食

上州の田舎料理といえば「おっきりこみ」（おきりこみ）。これも自家製小麦の石臼製粉で（つまり昔の上州そのまま）囲炉裏でつくって食べてみた。

＊

いつものチャパティ生地のダンゴ（自家製石臼挽き全粒粉１／３と、市販の群馬産地粉２／３をミックス）は、ちょっと塩気を多めにこねれば（※）、すなわち手打ちうどんの原料となる。もちろんうどんなので、手打ちだけじゃなくて足踏みも。

この手打ちうどんを打ち粉がついたまま汁の中に投入して煮込んでしまうのが、山梨の郷土料理「ほうとう」だが、群馬では「おっきりこみ」と呼ぶ。こちらではカボチャは入れないようだ。でもコンニャクは入る、当然。

畑に残っていた最後の１本のゴボウを掘り、大きめのニンジンを掘って、ネギを１本抜いてきて、製作開始。鰹節で出汁をとり、ニンジン、ゴボウ、サトイモ、菜の花の葉茎と根、ハクサイをざっと油で炒めて、湯で油抜きした油揚げを入れる。出汁を注ぎ、酒、味醂、醤油で味付けして煮込む。先に味付けするのがポイント。

根菜に火が通ったら、麺棒でのして菜切り包丁で切った麺を、すかさず鍋に投入する。もたもたしていると、麺がくっついてしまう。コトコト煮込んで麺が茹であがったら食べる、食べる。薬味にネギとユズ皮を忘れずに。

ぶりぶりの茶色麺。小野式製麺機という便利な製麺機も持っているのだが、おっきりこみならやっぱ平打ち麺の手切りがいい。

うううっ、麺がウマイ！　出汁も野菜も美味い！　なんという透き通った美味さだろう……。これはアトリエで初めて食べたお雑煮の感動に限りなく近い。

「昔は、冬は毎日のようにうどんをぶって（打って）いたなぁ」と、お隣のイタルさんから聞いたことがある。いわゆる「けんちんうどん」というやつは、僕も子供の頃からよく食べさせられたが、あれはけっして好きな食べ物ではなかった。たとえ鶏肉などが入っていたとしても……。だが、これはちがう！

多めにつくって、次の食事で煮返すとシチューのようにどろどろになってそれがまた美味いのだが……美味くて全部食べてしまって残らない（笑）。自家製小麦の石臼挽きで打つなら、おきりこみはそれだけですべての栄養素がとれてしまう「完全食」なのではなかろうか。これなら毎日でもいいな。

（神流アトリエ日記 2007/12/21）

※おっきりこみの麺を打つときは塩を加えない家もある。塩を入れていない麺は伸びやすく、味がしみ込みやすい

小野式製麺機（**写真上**）は今もオークションで高値がつく優れた手動式製麺機。のし（**左**）と切り（**右**）をギアを変えて使い分ける。**写真下**：茹でて水洗いした自家製小麦の石臼製粉うどん。昔の上州人はこれを（水洗いせず直煮で）毎日のように食べていたわけである

14 焼き魚とキャラブキ

燠炭をたっぷりおこして

山暮らしなのでイワナやヤマメ、アユ、カジカを焼いたら最高なのだが、釣りをやらなくなってしまったので、いただきものの塩サバで。

＊

朝食兼昼食はまず採りたてのフキでキャラブキをつくる。さらに鰹節出汁で味噌汁。具は豆腐と、これまた摘みたてのミツバとネギ。メインは、料理屋の知人からいただいた自家仕込み塩サバの焼き物。これは先日山菜を届けたお礼だ。保存しておいた燠炭を取り出してちびカマで焼いた。うーん絶品である。

キャラブキと塩サバと言えば、紀州の林業作業員で作家である宇江敏勝氏のエッセイを思い出す。作業員時代の昔の日記なのであるが、中でも食の描写は秀逸で、飯場で飯炊きのオバちゃんがつくってくれるという作業員の弁当がすごく美味しそうなのだった。ふたを開けると、白いご飯の上に焼いた塩サバの半身がのっており、その脇に焦げ茶に煮しめたキャラブキ、そして梅干し。これだけだが、実にいい組み合わせで「美味そうだ！」と思った。そして、林業作業の空腹にはさらに美味かろうとも。

今日は、その組み合わせを図らずも再現することとなったが、やはり塩サバとキャラブキの組み合わせは素晴らしい。宇江氏のエッセイでは他に茶粥、そして飯場で焼酎を飲むとき、ボトルにマジックペンで線を入れておき、その日の飲むぶんを決めておく、というのが印象的で忘れがたい。焼酎に関しては僕も見習わねばならない（笑）。

（神流アトリエ日記 2006/5/15）

＊

炭をたっぷりおこしてゴトクに焼き網をかければ囲炉裏でバーベキューができる。ただし、囲炉裏ではあまり盛大にやらないほうがいい。とくに海産魚介の焼き汁が灰にこぼれるとしばらく生臭さがとれない。いちど殻付き牡蠣を焼いて、後の臭いに辟易したことがある。本式バーベキューは外でやるか、イラストのように別の灰枠を囲炉裏にはめてやるのがおススメ。

一品一品に強度がある山暮らしの薪火定食！

網が凹形

網が凸形

カマドで金網を長く使っていると凹んでくるので、魚を焼くときは裏返して凸にしてのせると火がムラなく通る

別の灰枠
ゴトクと金網
菓子の金属缶などを利用した灰枠。砂でかさ上げしてから灰を入れてもよい

15 薪火で焼きそば

紅ショウガも即席で

私も相方も生まれ育ちは街中、そして昭和ッ子世代であるから、ソースものは大好きなのであった。さて山暮らしの薪火料理では……

＊

地区の共同清掃に参加　アトリエに戻って朝食兼昼食は焼きそば。富士宮の焼きそばを思い出し、ちょうど豚肩ロース塊があったのでその脂身部分を細かく切り、中華鍋に投入。ヘラで押しつけながらラードをしみ出させる。これはチャーハンなんかでも有効なテクだが、ラードが出きった後に焦茶色の脂片が残る。これを「肉カス」といい、富士宮では焼きそばの味わいに使っているのである。

さて中華鍋にはにじみ出たラードの中に肉カスが泳いで煙が上がっている。そこに畑直行のネギの細切りを大量投入するのだ。このネギ、粗放農業につき、青いところが多いが、なにせ採りたてというのは強い。中にはとろとろの透明な液がつまった瑞々しいものだ。それがラードにまみれてしんなりかさが減ったところでイカゲソとイカミミを投入。さらに麺を入れ、よーく炒める。火は強火のまま……ったってスギ薪の細いのをちびカマ君に放り込んでおけばいい。

醤油とソースで味付け。コショウをミルでごりごり。ソースを入れたら炒めすぎないのがポイント。皿にとり紅ショウガと鰹節の粉をかける（富士宮ではイワシ節の粉をかけ、さらに野趣が増す）。

この紅ショウガ。実は前日、高崎に焼酎を買いに行ったときそこで一緒に業務用1kg400円というのを見つけて触手が伸びたのだが、表示を見ると当然ながら合成着色料に添加物だらけだ。しかも原産国表示は「タイ」。ショウガごときが海を渡ってはるばるここ群馬まで来て、さらに山のアトリエまで運ばれて……と考えたら悲しくなってきた。

アトリエの庭に勝手に生えてきた赤シソを、草刈りのたびに大切に保護してきた甲斐があったというものだ。その葉っぱを何枚か採取し、塩でもんでアクを出す。それを、お酢の塩を混ぜたものの中に放つと、あら不思議、鮮やかな赤色がぱあっと出るのであった。そこに収穫したての新ショウガのスライスを漬けて、即席紅ショウガのできあがり。ちなみに鰹節は、本枯れ節の削りたてを手で揉み、粉にしたものだ。

この焼きそば、とりあえず「群馬最強のヤキソバ」と命名しておこう。

（神流アトリエ日記 2005/10/8）

こうすれば
囲炉裏で
鉄板焼きそば
ができるよ
炉縁に角材を2本渡して鉄板を置く

最強の焼きそば！

写真左：鰹節削りで大きめの煮干しを削ればイワシ粉がつくれる。**写真上**：即席紅ショウガ

16 囲炉裏端で炒る・擂《す》る

薪火で炒ると驚きの美味しさ

いまゴマを自分で炒る人は少ない。なにしろ擂りゴマを瓶詰めで売っているくらいだから。しかし炒りたて擂りたてはことのほか香ばしく、美味しい。そしてこれが囲炉裏端ではやりやすいのだった。

＊

秋は収穫物（タネや豆類など）の乾燥で、外と縁側を行ったり来たりと室内が忙しい。

天日干しの終わったラッカセイをさっそく食べてみた。せっかく薪火があるのだから、フライパンよりも直火で、ゴマ炒り器を使います。ギンナンも殻を割らずにこれで炒るのが一番美味い。ころがしながらかなり時間をかけないと「カリッ」とならないようだ。

しかし……美味い！　美味すぎる！　ラッカセイってこんなに美味いものだったんだ。ナリは小さく形も不揃い。だが、中国産の 10 倍は美味い。だから量的には十分の一で満足できるかも。いやホント、それくらいびっくりする美味しさだった。無農薬無肥料・天日干し薪火焼き・自家製ラッカセイ。手間は周囲の除草だけ。徹底除草ではなく共存除草である。

こんな美味いもの、なぜ日本でもっとつくらないんだろう。そりゃ人件費が安いと言ったって、ここ群馬の山まで中国産ラッカセイがやってくるのだ。周囲の畑は遊んでいるのにな。

そういえば、畑２年目に落花生苗を買ってきて植えたときはほとんど実がつかなかった。今回はタネから。やはり畑の土の変化を感じさせる。

（神流アトリエ日記 2007/11/29）

＊

風が強かった翌日、敷地の山でスギ枝を拾ってきた。林の入り口のところで、抱えきれないほど（わずか十数分）集め、それを縄で一束にして運ぶ。その火で暖をとり、お茶をのみ、味噌汁をつくり、ご飯を炊いた。スギの枝はやわらかい炎なので、強火にしたいときは小枝をくべる。

小枝は敷地のウメの木の剪定枝だ。剪定枝は、今

写真左：収穫の実を縁側で干す。**写真右上**：ゴマ炒り器にラッカセイを殻ごと入れる。**写真右下**：囲炉裏の炎に当てながらゆする

ラッカセイやギンナンのように殻を割って食べるものは炎に直接当ててもＯＫ

◀ウメの枝の薪

や田舎でさえ見向きもされないゴミだが、僕らはこれを丹念にさばいていくつもの束をこしらえ日向で保存しておいたのだ。太さは鉛筆以下、先端はマッチの軸くらいしかないが、囲炉裏にくべると強い炎をたてる、そしてその炎からは、かすかにウメの匂いがする。

ウメの枝は細かい枝がたくさん飛び出して、さばくときに手が痛かったが「苦労して薪にとっておいてよかった」と思った。

ご飯を炊き終えて、保温の間にゴマを炒る。ステンレス網のゴマ炒り器はとても便利だ。これで囲炉裏の直火で金ゴマを炒る。ガスコンロとフライパンを使うのに比べて、実に簡単にむらなく炒ることができる。

それを陶器のすり鉢とサンショウのすりこぎで当たる。擂るのではなく、軽く表面をなでる程度にゴマをつぶすのである。精白した米ではなく玄米や分搗き米にはこの擂りゴマがとてもよく合う。最近気付いたことは、この炒りたて擂りたてのゴマの味もまた、日本人が失ってしまった大事なものの一つだ、ということである。

すり鉢やすりこぎは、ちょっと昔の台所では包丁を上回る台所の主役だった。ことわざに「すりこぎ食わぬ人はなし」と言った。すりこぎは使えば減っていく。すり減ったぶんはわずかだが食物に混ざる。人は一生の間にすりこぎを何本も食べてしまう。そして「サンショウのすりこぎ、中風にならぬ」とその薬効を説くことわざもある。山あいの農家の人は、何種類ものすりこぎ木（材質や大きさなど）を使い分けたそうだ。

電動フードプロセッサーで粉にするのとワケがちがうのだ。ウメの木の炎を見てふと思った。現代の家がすりこぎを駆逐しているのだ、と。囲炉裏端ではこの「炒る・擂る・食べる」というのが簡単でおっくうにならないのだ。

炒りたて擂りたてはなんとも美味しいのである。「炒る」「擂る」というアクションは、美味の鮮烈さを呼び覚ます重要な調理処方だ。その香ばしさは、外食や弁当などでは決して味わえないもの、数値化できないもの、家庭でしか味わえないものなのだ。

（神流アトリエ日記 2007/2/15）

オニグルミは硬く割りにくいが、一昼夜水に漬け空鍋で炒るとすき間が開く。そこにナイフを入れるときれいに割れる。生より風味は落ちるが、たくさんペーストをつくりたいときなど便利な方法

自家栽培の金ゴマを擂る

フキノトウ味噌をつくる

サンショウのすりこぎは大小つくって使い分ける

17「弁慶」で保存食づくり

意外にスモーク臭は少ない

自作の「弁慶」にチーズやホタテを刺して一ヶ月。途中でシカ肉などを刺してみた。その結果は？

＊

シカ肉は集落支援員でおじゃましている椹森《さわらもり》の方にいただいた味付け肉が食べきれなかったので、竹串に焼き鳥のように刺し、囲炉裏で焼き枯らしてから、弁慶に刺しておいたのである。もう半月以上経っているだろう。途中で試食を繰り返した。

素材それぞれ、皆一様に硬く締まってパリパリである。ホタテは干し貝柱になっている。シカ肉も硬くなりビーフジャーキーのようになっている。味はなかなか美味い。思ったよりもスモーク臭はしない。

囲炉裏は毎日焚いているわけではないのだが、この弁慶の威力、乾燥力と凝縮力は凄い。とくに予想を裏切られたのは（いい意味でだが）、スモーク臭が少ないことだった。囲炉裏の煙に１ケ月も燻されたら真っ黒の燻し膜がついて、味も悪く、タールがこびりつき健康にもよくないのでは？　などと懐疑的だったのだ。しかし、そうではなかった。考えてみれば囲炉裏は薫製とちがってなるべく煙を出さないように操作するわけだから。

スモーク臭が弱く腐敗しない程度の燻し、それに低温風乾が加わる。「囲炉裏＋弁慶」はスモーカーではなく、乾燥と非腐敗の装置といえる。冷蔵庫がない昔は不便だったのだろうか？　おそらく縄文人たちは採れすぎた貝や魚、獣肉などをこのような方法で加工・貯蔵したにちがいない。

そういえば鰹節の製法にも薪による燻し乾燥の工程がある。鰹の生身を茹でてから燻しにかけるのだが、茹でたナマリ節が燻し乾燥でカチカチに固まるのがやっとイメージできた。

（神流アトリエ日記 2010/5/5）

＊

日本の山村は湿潤で湿気が多く、たとえばキノコを天日干ししようにも雨が続き、カビがきてしまうこともある。その意味でも火棚や弁慶は重要な乾燥装置だったと思われる。これは日本だけでなく世界各地に見られる技術だ。

茹でたホタテ貝、味付けシカ肉の焼き枯らし、プロセスチーズなどを約１ケ月弁慶に刺した。ホタテは「干し貝柱」、シカ肉は「ビーフジャーキー」、プロセスチーズは「パルミジャーノ」風に硬く締まった。それぞれ体積は半分ほどになり、チーズはナイフで押し切りしないと切れない

18 いりこと菜の花

淡水小魚の活用法

小魚の焼き枯らしを弁慶で乾燥すると、生臭さが消える。だから出汁素材にもなり、甘露煮などにも利用されていた。現代は食用油が潤沢にあるので、 野草と組み合わせたお惣菜のアイデアも生まれる。

＊

最近はまっているお惣菜がある。敷地にたくさんの菜の花が自生・野生化しているのだが、霜が降りてもその菜の花はすこぶる元気なのだ。

そこでその菜の花を数本抜き、よく洗い、小さなダイコンのような根と、葉の先半分ほどを切り落とす。葉と茎のところはさっと茹でて水気をしぼり５mm程度の千切りに。根の部分は生のままスライス。鷹の爪も用意しておく。これも、畑からとってきた生のものだと最高にウマイ。

囲炉裏にゴトクをかけ、中華鍋を熱してサラダ油をひき（わりとたっぷり）鷹の爪といりこを炒める。次に根、葉と茎の順に炒めて、最後に味醂と醤油で味付け。

◀石垣のすき間から冬越しで生える

すごく美味しいのでたくさん食べてしまう。そしてこれを食べたあとはお腹が減らない。たぶん栄養的にすばらしいんだろう。根から葉茎までの、イワシも頭骨付きの全体食だし。心土不二という点では、いりこの代わりに地元の寒バヤかアユの焼き枯らし（囲炉裏で乾燥させたもの）をほぐして同じように使えばいいのだろうな。

地元の人たちはこのような野草は食べないようだ。僕らの敷地はかなりずぼらで草ぼうぼう。でもその草には工夫すれば食べられるものがけっこうある。まだ探せばたくさんあると思う。それをうまくコントロールしていくのも面白い。

（神流アトリエ日記 2007/11/22）

＊

淡水魚と弁慶について資料を探してみると、岡山の山間部では弁慶を「ボテ」と呼び、各戸で川魚の焼き枯らしを盛んに食べていたようである（『食生活と民具』日本民具学会編／雄山閣 1993、43P）。

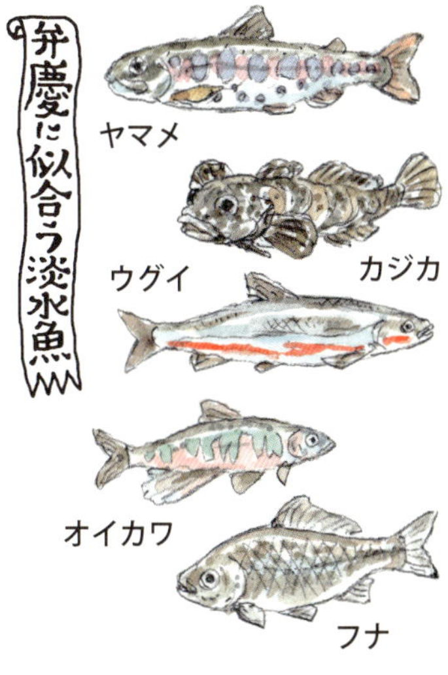
弁慶に似合う淡水魚
ヤマメ
カジカ
ウグイ
オイカワ
フナ

菜の花は根に辛み、葉に苦みを持つが、油炒めといりこの組み合わせでそれらが消える。弁慶でできる魚の焼き枯らしと野草の組み合わせで、たくさんのバリエーションが生まれそうだ

19 薪火と水と発酵食

漬け物ができる家、できない家

都会住まいのマクロビ・フリークが「たくあん」づくりに挑戦した結果「ただ塩っぱいだけ！」という笑い話を聞いたことがある。ところが、私たちが山暮らしでつくったたくあんは、非常に美味なるものであった。以後、どんなに忙しくても、あのお雑煮が食べたくて餅搗きを毎年欠かさないのと同じように、たくあんづくりが恒例になったのである。

＊

ダイコンはまだ畑でうまくできないし、夏から秋にかけて取材やらで忙しく、植え忘れたこともあって、甘楽で地粉を買ったとき一緒に「干し大根」を購入していたのだ。これでたくあんを漬ける。たくあんには向かない青首なのでなんと 17 本で 1,000 円だった。アトリエでさらに 1 週間ほど天日に干し、いよいよ仕込み。

ところで、たくあん漬けをいま町でやるときは、この保存場所に困るのだ。いまの家は全体暖房で、寒い場所がないので、漬け物がうまく漬からない。かといって、家の外の北側の軒先なんかでは、おそらく寒過ぎてダメ。また日中は温度が上がるであろうし、湿度も不安定だ。漬け物の置き場所は、乳酸菌が発酵するほどよい一定の寒さと、一定の湿度が必要なのだ。

その点、古民家の土間は最高であろう。囲炉裏の煙で空気中の雑菌は少ないだろうし、無垢材と土の壁なので調湿効果は抜群だ。これまで白菜漬け、梅干し、どぶろくと、塩蔵、発酵食品をつくってみたが、いずれもよくできた。電気冷蔵庫形のワインセラーが漬け物に向く、と丸元淑生氏は書いているが、どうなんだろう？　まず気になるのは、電気代と電磁波。そしていくら大型のものでも、さすがにたくあんの樽は入れられまい。

ところで発酵食品は、日本人の食事には、とても重要な食品なのだ。穀類、豆類、野菜を基本食のトリオとすると、どうしてもビタミン B12 が欠乏する。ビタミン B12 は乳製品、肉、卵、魚などに多いが、植物には含まれていないのだ。

が、面白いことに、発酵食品下では微生物がビタミン B12 をつくっているので、味噌、納豆、醤油、漬け物などからこの成分を補うことができる。必須だけれど、多量にとる必要はない成分だから、発酵食品をとっていれば満足できるのだ。

日本ほど漬け物のバリエーションが豊かな国もない

たくあんの樽を開けて食べるときの鮮烈な味わいは、発酵食品ならではのものだ。単純な穀菜食に大きな充足をもたらす

であろう。しかし、いま市販の漬け物はほとんどがニセモノになり、発酵どころか保存料と着色料と砂糖、化学調味料漬けの滅菌食（殺菌食？）になってしまっている。

本物の発酵食品は、菌が生きているので、店頭販売で一定の味を保つことができない。だから、小さな商店の自家製かそれに近いものでしか流通販売できない。コンビニや、全世界からモノをかき集めて売る大型店舗や、外食産業では、もともと釣り合わない食品なのだ。

ここで地球規模の視点から、日本という国の自給自足を取り戻すことを考えてみる。まず穀物菜食を基本にするのが大前提だ。すると、発酵食を取り戻すことが大事になってくる。漬け物などの本物の発酵食品がつねにあること。つまり自家製にするなら、無垢の木と土間と土壁の家の構造や、囲炉裏・カマドを使うライフスタイルが大切になってくる。もしくは、ごく狭い範囲の流通経路で売るマーケット（昔の露天市場みたいなもの？）がほしい。自然農などでつくられた本物の野菜や穀類・豆、果物などは、天然の酵母が元気なので、発酵食品がよくできる。というわけで、農薬や化学肥料を使わない農業生産が、非常に重要になってくるのだ。

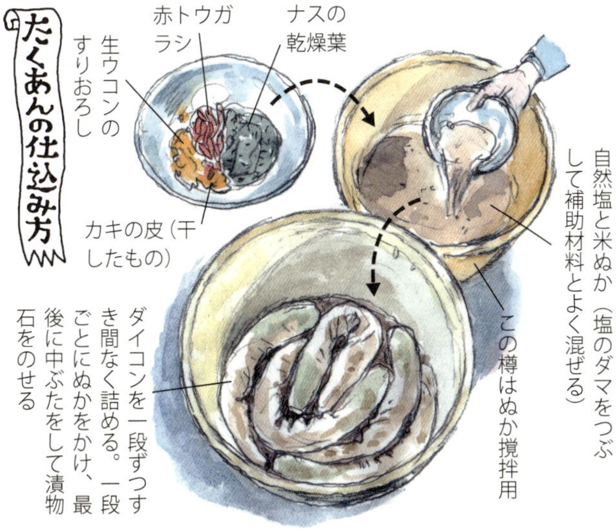

水も大事である。町の水道は塩素が入っているが、天然酵母に元気がない農薬野菜を、その塩素入り水で洗ったとき、自家製とはいえ美味い漬け物ができるだろうか？　ちなみに、戦前まで日本では、塩素はまったく使わない「緩速ろ過方式」の浄水場が全国に一万ケ所以上あり、それと井戸水で、飲料水から生活の水ほとんどすべてが賄なわれていたのである。塩素を使う急速ろ過処理は戦後、進駐軍の監視下で強制され、そのままずるずると現在に至っているのだ。

これらに気付くとき、心情的な肉食否定、畜産否定だけではない、本当に感動できて満足できる理想的な穀物菜食（せっかく日本にいるんだからお魚はちょこっと）が見えてくる。

山暮らしで自然農で畑の作物を食べて、天日干し、山の水、薪の火に囲まれて、発酵食をつくったりしていると、あまりの美味しさに驚くことが多い。町の暮らしでこれまで 20 年近く自然食を標榜し、行きつ戻りつ試行錯誤を繰り返してきた僕だが、そこで突き当たったいくつもの壁は、このアトリエに来ていともあっさりと突き破ることができた。

（神流アトリエ日記 2007/12/21）

山の水、薪火で炊いた粥に、本物のたくあん

囲炉裏と茶の湯

火と湯から導かれるもの

「炎の囲炉裏」をやっていると、立ち居ふるまいがムダのない洗練された動作になってくる。それは火や湯という裸形の危険なものを目の前につねに置きながら、座ったままで様々な作業をこなしていくからで、当然のことながら、ものの置き場、移動の仕方、そして燃える薪の配置などに気を配るようになってくる。あるとき、この動作の中に「茶の湯」の原型があるような気がした。

そのような緊張感の中で、道具やしつらいの美を味わい、客ともてなすものとが美意識を交差させる。これが茶の湯の本質だと思うが、現代ではともすれば作法が先に立ち、形骸化しているように思われる。

棗《なつめ》にて

群馬で山暮らしを始めて３年目、高崎の「ギャラリー棗」で相方と個展を行なった。棗は明治の高崎商家を代表する座敷蔵で、重厚な古建築である。それだけに難しい会場で（「床の間」が２つある）、展示にはとことん頭を悩ませた。

カギとなったのは茶の湯の精神だ。茶の湯のもてなしは、ただ高級なものがよいのではない。

具体的には展示の核として和室に私の自叙伝でもある絵巻（**2ページ下**参照）を広げ、床の間には群馬の神流川流域にちなむ古典から抜粋した文章を杉ペンで書き、相方自ら表装、篆刻印をする、というすべて手製の「掛け軸」を下げた。

最初は圧倒されるような棗の建物だったが、展示を終えてしばらくするうちに調和の音が感じられるようになった。展示というものはその空間性とコンセプトが何よりも重要なのだということを、この機会に再認識させられた。「何を飾るか」は重要だが、和空間では「何を飾らないか」ということがさらに重要なのだ。

寒い朝に起き出して、拭き掃除を終えた囲炉裏部屋に炎を立て、香ばしいスギの葉の煙がたゆたう中で、鉄瓶の湯とお気に入りの陶器で日本茶を飲む。炎の囲炉裏には刷毛目・三島のような器がよく似合う。使い込んだ萩や小鹿田もいいものだ。

この個展を機に、いっそう炎の囲炉裏が好きになったのである。

◀囲炉裏道具はシンプル・モダンのほうが「茶の湯」らしさが出る

刷毛目（左）と三島（右）の飯茶碗。李氏朝鮮の技法の一つで、地味な色の素地に白泥をあしらってある

6章

炭を使う

火鉢・七輪《しちりん》・行火《あんか》

煙の出ない炭は
現代の暮らしの中でも
ある意味、大変便利で、
暖房や料理に活躍する。
この章では代表的な
炭使いの道具、
火鉢、七輪、行火について
使い方を詳しく図説。

1 火鉢

火鉢は座敷で

火鉢は炭を使う暖房器具で、主に陶製（木製や金属製、石製も）の大きな鉢に灰を入れ、中で炭を焚いて暖をとる。元は「火櫃《ひびつ》」と呼ばれる木枠でできた移動式の囲炉裏で、それがやがて火鉢に変化していった。炭は煙が出ないので畳の座敷でも使えるところが便利で、実際に化石燃料や電気の普及する前の町中では炭が大量に消費されていた。

都会でもできる火の復権４条項

火鉢は、灰の入ったものが入手できれば、都会の一室でもすぐに始められる火の復権である。田舎に引っ越して囲炉裏をやりたいけれど、今はそれがかなわないという人は、まず火鉢と七輪を始めればいいと思う。火鉢を始めるとき、初心者に勧めるコツは、

テーブル仕様の長火鉢。銅板ゴトクと酒燗できるどうこ付き▼

1）小さめの火鉢から始めること

火鉢は夏は使わないので押し入れなどに収納する必要がある。大きい火鉢は移動が大変なので小さいものがお勧め。ただし小さすぎるもの（手あぶり専用）は炭の操作がしにくく、ヤカンもかけられない。そして長時間使うと開口部の縁が熱くなって危険なので、ある程度（内径 20cm くらいの）の大きさは必要。

2）よい炭を使うこと

囲炉裏や薪ストーブを持たない人が、火の復権として火鉢から入門する場合、熾炭のストックはないわけだから、炭は購入することになる。そのときよい炭を選ぶことである。といっても、いきなり高級な「備長炭」などは買わないほうがいい。

炭は大きく分けると白炭と黒炭がある。備長炭は白炭で、硬く火力や火保ちは抜群にいいが、火がつきにくく、細かな操作性が悪い。ようするに料理屋向きなのである。また「爆跳《ばくちょう》」といって、火をつけるときに中の空気がふくらんで炭が破裂して飛ぶことがある。

火鉢の炭はごく普通の「黒炭」がいい。ただし激安の輸入炭やえたいの知れない安い炭はやめたほうがよい。国産の雑木を焼いて 6kg、12kg 単位で販売している業者があるので（※）、ホームセンターやネット等で購入するといいだろう。

3）暖房だけでなくお湯と料理を楽しむこと

炭火は遠赤外線なので身体が包まれるような温かさがあり、よい炭で保管状態もよければその匂いも香《かぐわ》しい。暖をとるだけでも十分楽しいのだが、ぜひ、ゴト

小火鉢から始める
内径 19.5cm
灰ならし代わりのスプーン
陶製で松の絵が描いてある

私が最初に使い始めた小火鉢（内径 19.5cm）。昔の料理屋などで手あぶりとして使われていたもの。古道具屋で 1500 円くらいで買える

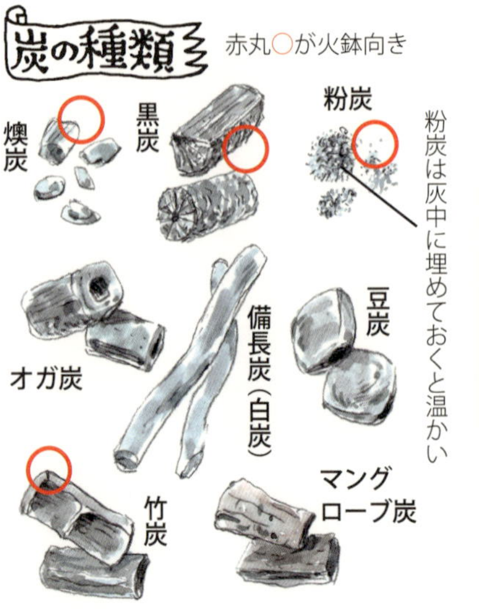
炭の種類
赤丸○が火鉢向き
燠炭
黒炭
粉炭
粉炭は灰中に埋めておくと温かい
オガ炭
備長炭（白炭）
豆炭
竹炭
マングローブ炭

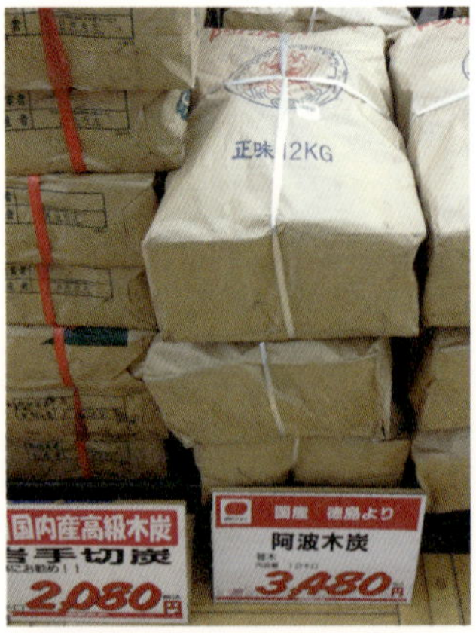
正味 12KG
国内産高級木炭
岩手切炭
2,080円
阿波木炭
3,480円

◀※お勧めは岩手切炭、阿波木炭、土佐木炭など

岩手切炭 http://www.mokutan.jp/
阿波木炭 http://sumincyu.com/
土佐木炭 http://tosamokutan.jp/

▶箱火鉢で餅を焼く。網は銅線で自作したもの

クを使って火鉢にやかんや鉄瓶をのせ、湯を沸かしてお茶やコーヒー、お湯割りを楽しんでほしい。また、スルメやお餅、ギンナンなどを焼いたり、小さな土鍋をかけて昆布を敷き、野菜や魚介や肉を煮て食べるというような、小さな料理を火鉢でぜひ楽しんでほしい。

4）換気に注意する

ただし、換気には十分注意しなければならない。都会の気密住宅では、換気を怠って密閉のまま炭火を焚くと一酸化炭素中毒になる。それを防ぐには窓のすき間をわずかに開けておけばよい。つまり人工的に「すき間風の家」をつくるのだ。そして長時間炭火を使うときは、ときに窓を大きく開け放して、部屋全体の空気を入れ替える。これは、実際気持ちいいと感じる本来当たり前の感覚なのだが……。

必要な道具

火鉢を楽しむための道具としては、ガス台から炭に火を移す「火おこし」と「火箸」か「トング」が必要だ。灰ならしはとりあえずスプーンを使ってもよいし、金網などはホームセンターで銅線を買ってきて、火鉢のサイズに合うものを自作して編んでしまったほうが素敵なものがつくれる。まあ、ゴトクくらいは市販のものを求めるのがいいだろう。

火のおこし方
市販の黒炭の場合は5分ほどかかる
燠炭
火おこし
燠炭（消し炭）の場合はわずか1～2分で火が付く
ガスコンロ
（中～強火）
炭入れ
その後は火鉢に移し、口で吹いて火を大きくし、新たな炭を足す
炭の間の灰に凹みをつくるとよく火がおこる
火鉢の縁が素手で触れないほど熱くなったら炭の周りに灰をかけて火を鎮める
クズの炭粉を灰に埋めてから炭をのせると温か効果大

囲炉裏から火鉢へ
①
②
③
④

⑤

①夕食の囲炉裏が終わったら、消火の前に燠炭を集める ②十能の上に燠炭をのせて… ③鍋のお湯をやかんに移して… ④座敷の火鉢まで移動し、燠炭を火鉢に移して口で吹いて火をおこし直す⑤炭は底が黒くならないのでふつうのやかんが使える

2 七輪

珪藻土でできている

七輪は珪藻土を固めて焼いてつくられたもので、炭を使って煮炊きができる、コンパクトかつ移動可能な便利な炉である。珪藻土には空気層があるので保温・断熱効果が高く、少量の炭でも効率よい熱量が得られる。江戸時代の昔から長屋での便利な調理炉として愛されてきた七輪は、現代でも都会のベランダや庭先でコンパクトに火を扱いたいとき、もっとも廉価かつ安全な調理道具であろう。

弱点は耐久性に劣ることで、硬いものをぶつけたり落としたりすると本体が欠けたり割れたりする。水濡れにも弱いので、汚れても洗うことができない。珪藻土の塊から直接切り出した製品や、それを三河土の黒瓦でくるんだ二重構造の「黒七輪」という製品もあり、これらはかなり耐久性があるが、値段もそれなりに高い。

薪ストーブと七輪

私は囲炉裏やカマドで炎を見るのが好きだし、それらでいつでも炭火が使えるので七輪の必要性をあまり感じない。しかし、薪ストーブユーザーにとって七輪は案外便利な道具かもしれない。薪ストーブの中から大きな燠炭を取り出して七輪に入れれば、すぐに炭火焼きが楽しめるからだ。

七輪には下部にスライド式の通気孔が付いている。また、焼き台を高くするオプションもある。これらで火力を調節でき、慣れれば強火から弱火まで繊細な調理ができる。

竹の燠炭で干物を焼く

その昔、泊まり込みで「三州足助屋敷」（※）に取材に行ったときのこと、前日話を聴かせていただいた強面の竹職人さんと朝食をともにした。ちょっとは火を扱えると見込まれたのか、あるいは私を試そうと思ったのか、七輪でアジの干物を焼けという。渡された燃

七輪の種類
内壁のひだと流線型がポイント
珪藻土を練り固めて焼成したもの
一般的な七輪
珪藻土の塊から削り出したもの。堅牢で美しいフォルム
切り出し七輪
ロストル
中に炭を入れて使う。炭の位置が低くても火力は強い
アミをのせる
通気孔
開閉することで火力を調節できる
断面図
うちわであおぐと着火が速く火勢が上がる
一般的な七輪を瓦素材で覆った2重構造。堅牢で通気口が金具ではないので長持ち
黒七輪
その形状からサンマや串焼き鳥を焼くのに便利
角型七輪
中に炭を入れて卓上で炭火焼きを楽しむ
大名コンロ
卓上用では他に「水コンロ」というのもある

料は炭ではなく竹の廃材や切りクズだった。要領を教えてもらった。七輪の中で竹の破片をどんどん燃やしていく。すると竹の燠炭ができる。その燠炭で干物を焼くのだ。干物は短時間で火が通るから、このインスタントな竹燠炭でも十分役立つのだった。アウトドア薪火料理書では出てくることのない、山村の知恵であった。このように、昔の農山村では七輪に木炭を使うことは少なく、カマドの燠炭を使うことが多かったそうだ。

※三州足助屋敷……愛知県豊田市（旧足助町）にある「生きた民俗資料館」と称される観光施設。母屋に炎の囲炉裏も健在。当時の取材は『増刊現代農業／田園工芸』（農文協／ 1999.11）誌に掲載（私の HP から閲覧できる http://www.shizuku.or.tv/gennou.asuke.html）

焚き火台として

諸事情で囲炉裏も薪ストーブもつくれず、でも薪火をやってみたいという人には、このように焚き火台としての七輪の使い方もあるだろう。小枝や竹を七輪で燃やし、炎を楽しんだ後にできた燠炭でちょっと炙りものを楽しむのである。スルメでもシシャモでもいい。プチ焼き肉でもいい。継続したいなら市販の炭を追加すればいいのだ。小さな庭で、あるいはベランダで。このコンパクトさが、七輪の身上である。

火鉢と七輪、この二つを使いこなせれば、都会の中でもかなり面白い薪火ライフが楽しめる。そして次のステップの囲炉裏・カマドのいいトレーニングになるだろう。

七輪は野外で、換気に注意！

七輪はロストルと通気孔があるので火が持続し火力も強い。しかしそのぶん一酸化炭素も多量に出すので、室内での利用はひかえる。「七輪は野外で使うもの」と考えておいたほうがよい。もし焼き肉などを室内で行なうなら、換気扇などはつねに回しておかなければならない。

特殊な使い方

七輪の通気孔からドライヤーなどで人工的に風を送ると、炭火をかなり高温（ふだんは 500 度くらいだが、送風で 800 度～ 1400 度）まで上げることができる。これを利用した焼き物が「七輪陶芸」（※）で、ぐいのみサイズなら七輪で陶器を焼くことができる。また、鉄を真っ赤になるまで熱して、鍛造のまねごとくらいは楽しめる。ただし、高温にすると七輪の劣化も早い。

※七輪陶芸……陶芸家、吉田明氏が発案し普及した七輪利用の焼成法。吉田氏によるテキスト『すべてができる七輪陶芸』（双葉社 1999）等は現在絶版になっているが、多数の愛好者がホームページ上で製作工程や作品等を公開している

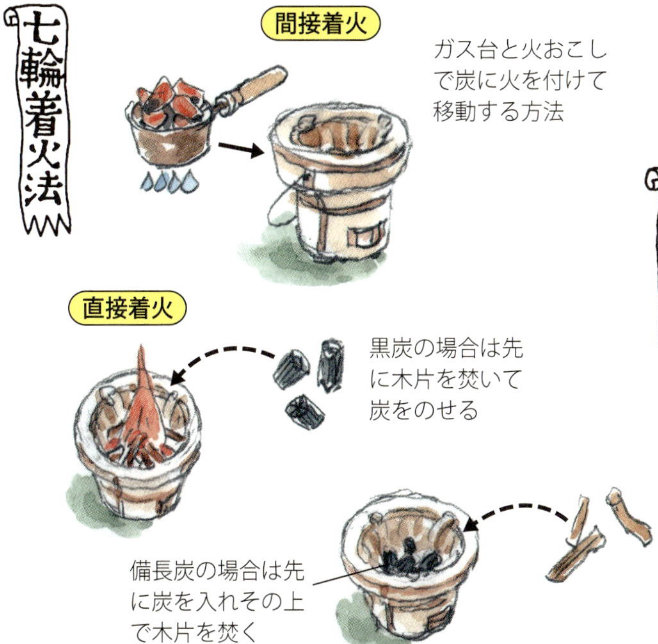

七輪着火法
間接着火
ガス台と火おこしで炭に火を付けて移動する方法
直接着火
黒炭の場合は先に木片を焚いて炭をのせる
備長炭の場合は先に炭を入れその上で木片を焚く

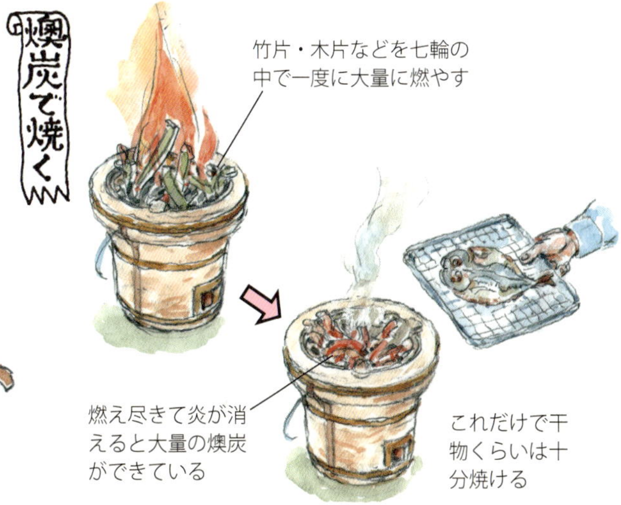

燠炭で焼く
竹片・木片などを七輪の中で一度に大量に燃やす
燃え尽きて炎が消えると大量の燠炭ができている
これだけで干物くらいは十分焼ける

3 行火とこたつ

炭火をこたつで使える優れた火炉

行火《あんか》は瓦と同じような土素材でできた移動できる火炉で、中に炭鉢を入れ、その上にやぐらと布団をかけ、手足を温めるものである。

私は古道具屋でこれを見付け、豆炭を用いてこたつに入れて愛用しているが、もう二度と電気こたつに戻れないほど、すっかり気に入ってしまった。なぜなら、温かさの度合いが非常に気持ちのいいものだからである。炭火の温かさは身体の芯まで突き抜けるような、それでいて優しい温かさだ。しかも、幅広こたつの真ん中に行火を一つ置いておくだけで、こたつ内部の隅から隅までまんべんなく温まっている（**次ページ図**）。これには驚かされた。電気こたつなら、電熱器がある直下だけ強く温まり、端のほうはそうでもない。そして、電気こたつをずっと点けているときのあの「温まり過ぎて」足が気持ち悪くなる、ということがない。つまり、炭火なので徐々に冷める。これが身体的にとても理に適っているのだ。

私が使っている一般的な行火は、構造的にもよくできていて、もっとも熱が集中する天部を２重にして空気層を設けてある。外側は触れないほど熱くはならないので安全である。

入手法

それからというもの、各地の骨董市や民俗資料館、博物館などに行くたびに「行火はないか？」と観察しているが、やはり全国各地で様々なデザインのものがつくられ、愛用されてきたようである。素材は瓦土だけでなく、素焼きや石造のものもある。

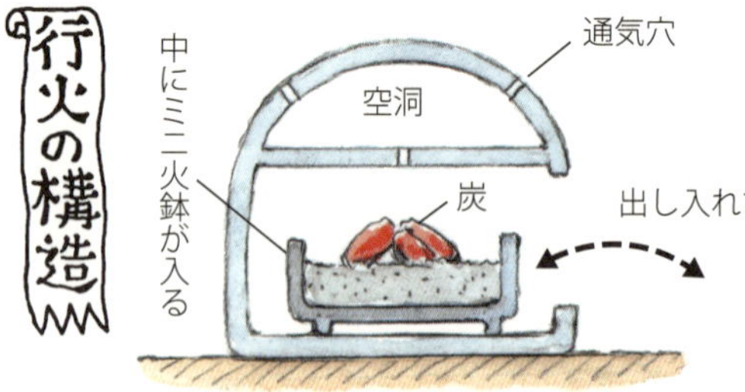
行火の構造
中にミニ火鉢が入る
通気穴
空洞
炭
出し入れする

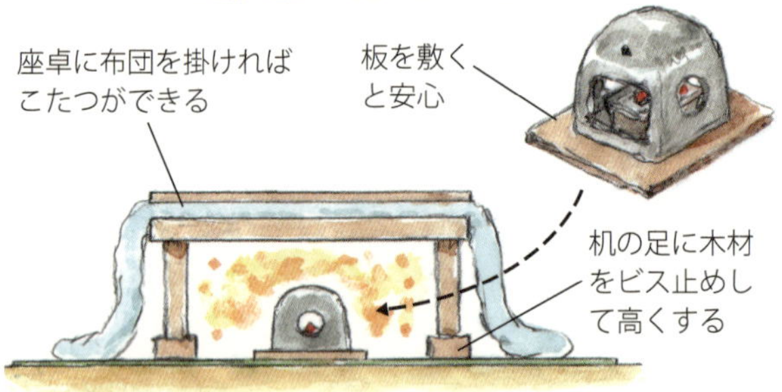
座卓に布団を掛ければ
こたつができる
板を敷く
と安心
机の足に木材
をビス止めし
て高くする

行火図鑑
一般的な正方形ドーム型
半円型
かまぼこ型
カボチャ型
素焼き製
石切り出し製
各地で撮影した行火。インテリアとして花入れに利用されることもあるようだ

豆炭の着火と配置
◀囲炉裏の火の中に豆炭を入れて赤くなるまで放置
豆炭を立てて組むと消えにくい
火の付いた豆炭四つを写真のように組んで行火の中に入れる

現在はどこも製造していないので、古道具屋で見つけたらぜひ購入されることをお勧めする。値段は1,000円～2,000円程度。中の炭鉢が割れたりしてなくなっていたら、植木鉢で代用できる（灰がこぼれないように穴を石などの耐火素材で塞ぐ）。

使い方

行火の燃料は炭もいいが、日常使うには「豆炭」がもっとも使いやすく経済的だ。一つの行火に豆炭4個がちょうどいい。朝、豆炭に火をおこして入れておくと夕方まで保つ。ふつうの座机の下に行火を入れ、布団をかければ、電気の要らないこたつのできあがりである。机を二つ組み合わせれば自由な形のこたつがつくれる。行火の下に板などを敷くとさらに安全である。

熱すぎれば炭や豆炭に灰をかければよく、熱さが足りないときは炭や豆炭を熾して足す。急に外出するようなときは火消し壷で消すと万全。こちらも火鉢と同じように、換気を忘れないようにすることだ。

豆炭は木炭だけでなく石炭粉も混ぜられているので臭いは悪い。だから火鉢では使わないほうがよい。また、使用後の灰も木灰と異なり、鉱物質が含まれるので豆炭灰を囲炉裏に戻す（継ぎ足す）のはやめたほうがよい。

掘りごたつ＋時計ストーブ

掘りごたつに炭を使うというのも山村ではよく行なわれている冬の過ごし方だ。たいてい以前の囲炉裏をつぶして、そこに掘りごたつをつくっている例が多い。私の知っている群馬の標高900mの山村の民家では、掘りごたつの炭火を一冬中消すことなく継ぎ足して暮らしている。お勝手に小さな薪の「時計ストーブ」を置いて、その薪でできる燠炭を取り出し掘りごたつに使うのである。薪山を持っているので、広葉樹の薪は潤沢にある。時計ストーブは暖房用というより湯沸かしや料理用であり、かつ掘りごたつ用の「炭火製造機」としての位置付けになっているのが面白い。小さな薪ストーブでは古民家の空間暖房はとても賄えないが、一冬中掘りごたつで炭を焚いていると、基礎の石組みや家屋全体に蓄熱効果が得られる。

囲炉裏の煙がどうしてもダメなら、そのまま古民家を活かせるこの「炭こたつ＋時計ストーブ」という方法も面白いと思う。その際、古民家におけるストーブの煙突設置には面白いアイデアがある。

▼「神流アトリエ」居間での暖房スタイル

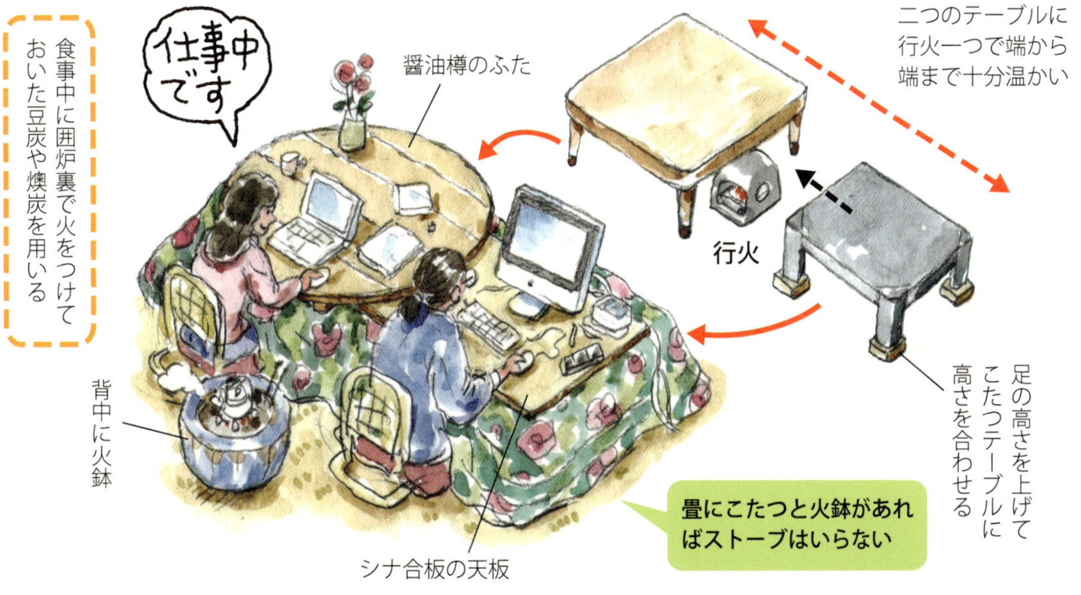

大型古民家で時計ストーブを使うには？

群馬の山村では昔から養蚕が盛んで、古民家は大きな総二階造りで、旅館か学校分校に見えなくもない。これは二階部分が全部作業場になっていたのである。二階は高い吹き抜けで、一階よりも空間はずっと大きい。養蚕だけでなく、冬場のコンニャクイモ玉が凍みないように囲炉裏の暖を使って保存するのにもよい構造で、二階床にも養蚕用の火鉢が置かれていた。屋根が緩い勾配の切り妻なのは、かつて板葺き（もしくはスギ皮葺き）であったことを物語っており、煙抜きの高窓が一棟に二つ並んだ家が見られる。

過疎が進む中、こんな大型の家でも老夫婦二人、もしくは老人一人暮らし、という例も珍しくない。居住スペースは一階だけでも有り余るので、二階はほとんど物置と化している。暖房は掘りごたつを基本として、薪が潤沢にあるので薪ストーブ（その多くは囲炉裏の灰の上に廉価な時計ストーブを置いて使っている）を使う家も多い。

合理的な煙突のアイデア

さて、ここで煙突に問題が起きる。一階でストーブを使うとき、総二階の屋根の上に煙突を飛び出させるには相当な長さが必要になる。壁から抜いて屋根の上に出すのも軒が深いので煙突の総延長を食うし、２重煙突にしないと冷え過ぎてしまう。かつ、高齢のお年寄りに、高い屋根の煙突掃除は危険をともなう。また、設置したとして、群馬の冬の季節風をもろに受ければ煙の逆流の恐れもある。

そこで、お年寄りたちは荒技を考えた。二階のフロアーに出してしまうのだ（もちろん床に防火対策をして）。二階は大空間の吹き抜けだから最上部に溜まり、構造材を燻しながら、やがて建物のすき間から自然に出て行ってしまう（二階はもともと養蚕用に排煙構造になっている）。あるいは二階に煙突を抜いた後、そこから横引きして外に出し、出口を下向きにして水を入れたバケツ（一斗缶）で受けるという手もある。これだとシングルでも煙突は冷えないし煙の引きもいい。かつ強風の影響を受けにくく、お年寄りでも安全に煙突掃除ができるという点で、きわめて合理的である。加えて、バケツの中には木酢液ができている。

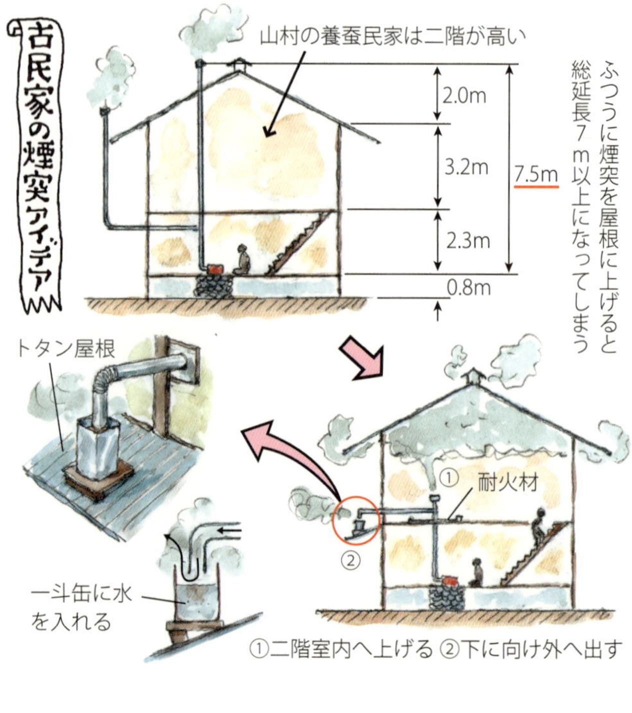

7章

カマドとロケットストーブ

庭先や土間で活用する
移動式の簡易カマド。
そして、いま人気の高い
ロケットストーブの原理と構造、
つくり方と使い方を
付随する道具と併せて
紹介する。

1 カマド

カマドの形態と盛衰

カマドは石や土を固めてつくられた火を囲う調理炉で、外に漏れる熱を遮断するので熱効率がよく、暑い地方では直火の熱さから身を防げるので主に西日本で発達した。明治期以後は煙突の付いたカマド（レンガやコンクリート製も）が普及し、大正・昭和初期には移動できる鋳鉄製のカマドもダルマストーブとともに全国的に流行したが、ガスや電気・石油の普及によって急速に消えていった。

囲炉裏のある農家でも、土間には土やレンガのカマドが設置され、そちらで羽釜を使って炊飯や蒸し物などをやっていた家は多い。またそのスタイルのカマドを復元して、土間で上手に使っている人もいるが、現在の家事情から私が推奨するのは、金属製のコンパクトな移動カマドだ。

▲土でつくられた農家のカマド。焚き口と釜口が繋がっている初期のもの（高松市「四国村」）

▲土と焼き物でつくられた煙突付きカマド。焚き口が独立し、ロストル、灰かき口があり、時代とともに外観も洗練された（京都の町家）

▲豊島石を彫った「置きカマド」。江戸時代に京阪、江戸で流行した（香川県豊島）

移動できるカマドが便利

田舎暮らし、山暮らしを始めると、まずアウトドアの延長にある石囲いのカマドで焚き火をしたくなる。またはレンガやブロックでバーベキュー炉をつくりたくなる。それはそれで楽しいのだが、野外の焚き火場は炉床が湿気ることが多く（雨が降ればくぼみは水たまりとなる）、次の焚き火では炉床を掘り直し、火をつけて乾くまで時間がかかる。また、火のないときの野外炉はなんだかゴミ焼き場のようにみすぼらしく、風景に馴染まない。その点移動カマドは、使わないときは片隅に仕舞っておけるし、またその日の情況や気分によって場所を選べる自由さを持っている。

私たちは、囲炉裏は明け方や夜に使い、午前中や日中に火を使うときは、移動カマドを外で使うことが多い。外で火が焚ける気分のよい日は囲炉裏に固執することはない。この内と外の火のバランスが、とても豊かな感覚をもたらしてくれる。もちろん土間があれば室内で移動カマドを使うことができるし、耐火材を下に置くなら板の間でも使用可能だ。

「ちびカマ君」の来歴

この本にもたびたび登場する移動カマド、通称「ちびカマ君」は、とある蔵の中に眠っていて捨てられそ

天気のいい爽やかな日は何も囲炉裏にこだわることはない。外に移動カマドを置いて調理しよう。お気に入りのイスやテーブルを用意する

うになっていた鋳物のカマドだが、頑丈なのにそれほど重くはなく（底を持てば火がついたまま持ち上げて移動できるほどのものである）、三つに分解できるので灰掃除もしやすい。薪入れ口や空気孔のふたも取れてしまった（貰ってきたときからふたがなかった）がかえって炎が見られて都合がよい。

私たちはこのカマドを野外（庭先）や土間で頻繁に使い、網をのせて羽釜や鍋を使ったり、炭に切り替えて魚を焼いたり、ときには焚き火台として使っている。三股に自在カギを掛けて使っても便利で、野外に移動式の囲炉裏ができたような感覚で使える。

焚き口と灰かき口のふたは紛失。矢印で３つに分解できる。三つ足があり地面が熱せられず汚れない

ロストル（取り外しができる）は微妙なカーブを描き、円周にも空気穴がある。本来はこの上に羽釜が収まるオプション（次ページ写真）が付くが紛失。釜輪（割れている）をのせている

ロストルの位置がわりと高い「ちびカマ君」は炭火焼きも OK。網の凹凸とウチワで火力を調節

バーベキュー用の金網に羽釜をのせご飯を炊く。両隣に丸太の台を置き、片手鍋（味噌汁）と吊り鍋（湯）を同時に保温中

土間で使う。このように自在カギを下ろせるなら、なお便利である

耐火板を敷けば板の間でも使用可。カマドの場合、爆ぜる方向は焚き口の前だけ

お湯が沸いたら燠炭を追加して炭火焼き。網の上でパンとコロッケをこんがりと

現在の移動カマド事情

以前このカマドを埼玉県の鋳物の町、川口市に探しに行ったが、中型のカマドは学校行事の餅搗きなどで需要があるらしく（羽釜で餅米を蒸すのにちょうどいい）今もその型だけは生産されているが、ちびカマのような小型のものはつくっていないとのことだった。中古品については「鋳物カマドはぼろぼろになるまで使うか、使わなければ雨ざらしで放置される例がほとんどでしょう」とのことで（金物屋店主談）、確かに古道具屋や骨董市でこのタイプのカマドは見たことがない。

ところが3.11東日本大震災の影響からか、カマドが見直されてきたようで、小型の鋳物カマドがいくつか市販され始めたようである（とはいえ「ちびカマ君」そっくりの品物はリバイバルされていないようだが）。

他にも、どっしり安定して本体が熱くならない七輪素材のカマドや（耐久性は劣る）、アウトドア用の「焚き火台」も各種市販されている。皆さんも自分で気に入った使いやすい移動カマドを見つけて、使いながら自分なりのスタイルを育ててほしいと思う。

自作する

下写真のように、一斗缶を利用し、穴を開ければ簡単に簡易カマドがつくれる。オイル缶などでも同じものがつくれるだろう。ただしロストル（火格子）がないので薪の燃焼点から鍋底まで高さがあり、小さな火や炭火使いができない（金属棒で棚をつくってロストルを設置するとよい）。また材質が軽いので、鍋をのせると不安定な感じがする。底も熱くなる。

これを考えると鋳物カマドは、やはりそのフォルムといい機能・耐久性といいい、薪火時代の最後に到達した究極の完成型と思える。

移動カマドの使い方

外で移動カマドを使う際は、まず周囲の地面をよく確認し燃えやすいものがないか、掃除をしてからカマ

写真上：埼玉県「川口市立文化財センター」展示室（**左**）に日用品鋳物・ダルマストーブとともに「ちびカマ君」と同じカマドを発見した（**右**）。上部に羽釜がぴたりとのるオプションが付き、煙突も付けられる（この上部を「ちびカマ」は紛失しており、そこには金網が安定するように釜輪をのせて使っている）。**写真下**：岩手県「花巻歴史民俗資料館／収蔵庫」にあった鋳物カマド。ちびカマとほとんど同じ形・サイズ。おそらく南部鉄製であろう

◀一斗缶を利用した簡易カマドで野外調理

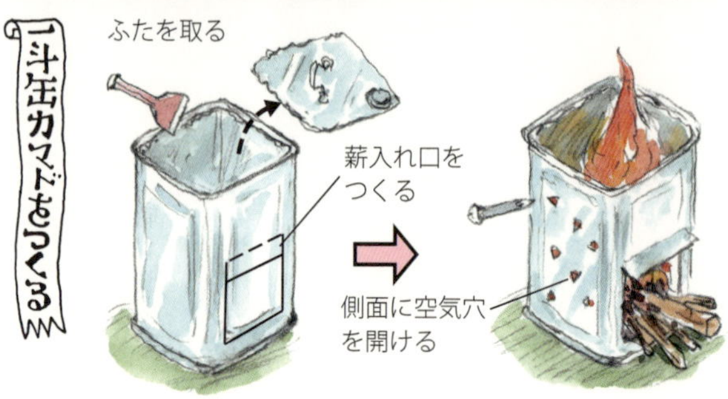
一斗缶カマドをつくる
ふたを取る
薪入れ口をつくる
側面に空気穴を開ける

ドを置く。壁や柱などから２～３ｍは離したい。また、風が強い火は、外で火を焚くのはやめたほうがよい。水栓が近くにあればいいが、なければバケツに水を入れたものを万一の消火用に用意しておく（※）。

カマドの着火は焚き付けから薪の選択、組み方まで囲炉裏と同じだが、鍋をのせると上から薪をくべることができないので、焚き口から薪を入れることになる。薪を同じ直線上に重ねていくと空気の流れが悪くなるので、斜めに置いたり工夫をする。

炭火焼きに切り替えたいときは、薪を多めにくべて炎を燃やし尽くし、熾炭が大量にできてから網を置く。新たな炭や熾炭を追加してもよい。火力の調節はウチワであおぐのが速い。

※外で炊事するときは、近くに外水栓や井戸があると断然便利である。むしろ野外調理には先に外水栓の設計を優先するべきだ

三股と自在カギを使って

移動カマドで三股と自在カギを使うとカマドの上からも薪をくべることができ、金網に熱が奪われないので煙も少なく鍋のお湯も速く沸く（**下写真**）。また重量のある鉄鍋を使うときも三股＋自在カギのほうが安定する。

三股を使わないときは、たたんで立てかけておけばじゃまにならない。これに掛ける自在カギは縄製のコンパクトなものを自作するとよい（**次ページに写真**）。

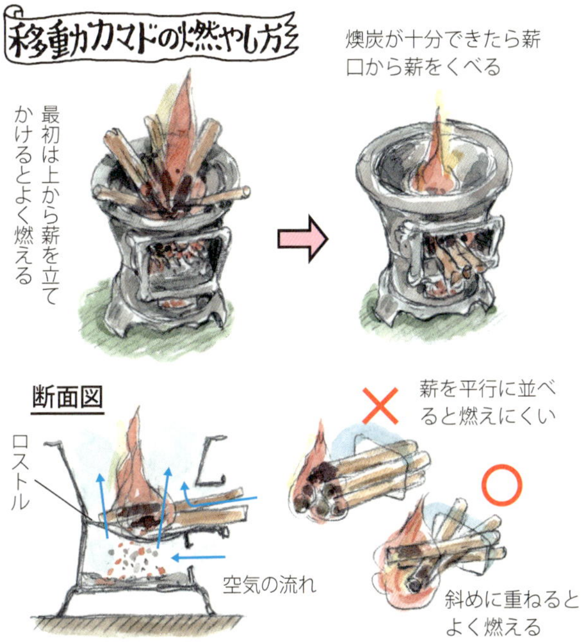

神流アトリエから桐生の里地に引っ越したとき、ちょうどいい金属棒があったので三股をつくって縄の自在カギを吊るした。庭が狭くなったので三股から鍋を吊るすことで金網から開放され、逆にカマド周りがすっきりして安全・快適に。電動ポンプが壊れて放置されていた井戸は、手漕ぎのポンプを据えて外の炊事と連動できるようにした

縄の自在カギをつくる

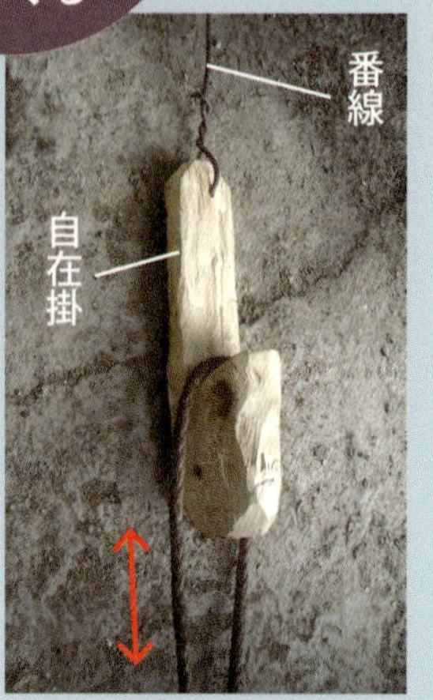
番線
自在掛

自在掛は縄を掛けるフックである。縄が滑るように角を丸くしておく。荷重がかかるので割れやすい木、柔らかい木は避ける。上部は穴を開け番線を通す

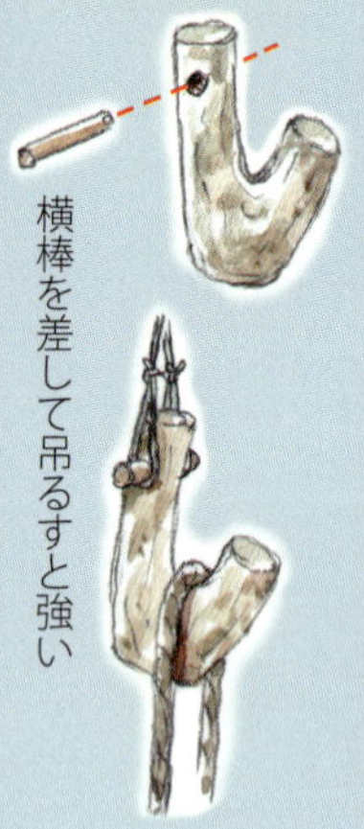
二股枝を利用した自在掛のアイデア
横棒を差して吊るすと強い

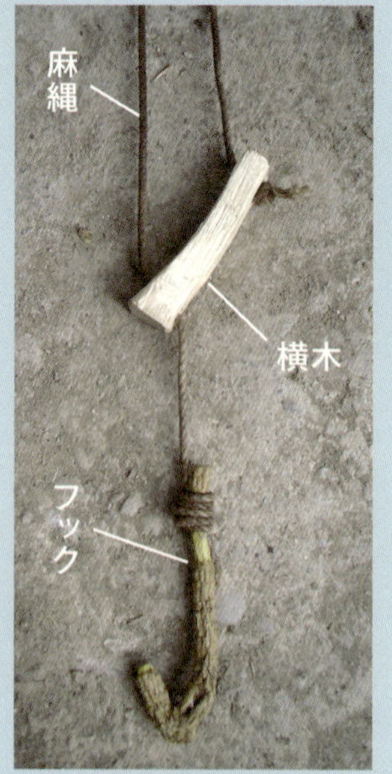
麻縄
横木
フック

フックは木の枝の二股を切ってつくる。横木は両端２ケ所に穴を開けて縄を通し、片側に結びこぶで止める

縄が抜けにくいように削っておく

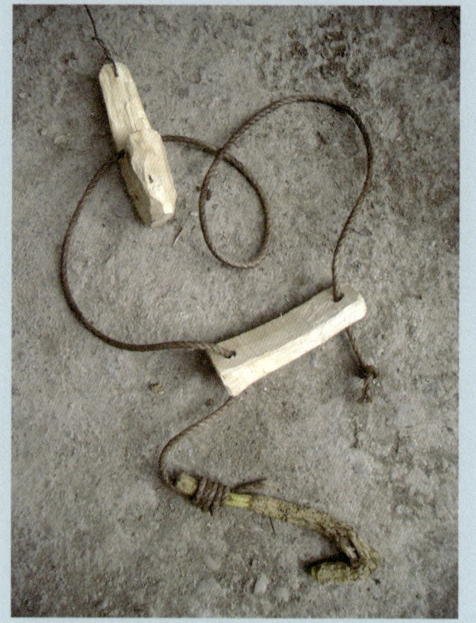

自在掛だけ三股に固定し、使わないときは麻縄・横木・フックのセットを外して三股をたたむと便利である

三股をつくる

中空の金属パイプ

「ねじり結び」で縄を止める

「巻きしばり」で３本をまとめ（緩めにかける）、「巻き結び」で止める

◀結びこぶのまま三股を開く

三股の頂点に番線を巻いて自在カギをしっかり止める

横木を操作しやすい高さに結びこぶで調整

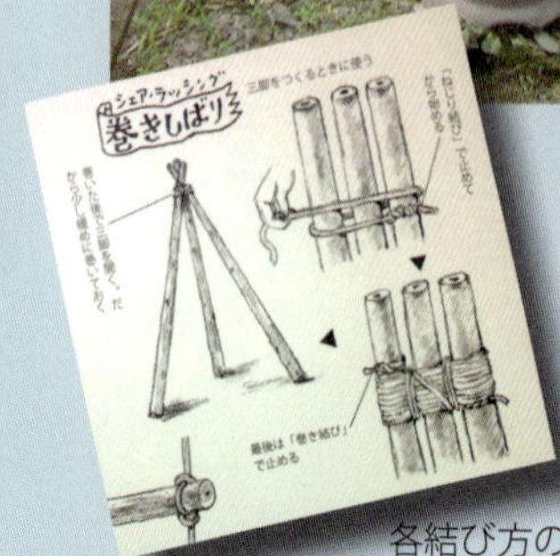
巻きしばり

カマドの炎の高さに合うよう横木の結びこぶで調整する（「８の字結び」）

各結び方の詳細は『山で暮らす愉しみと基本の技術』見返し参照

2 ロケットストーブ

生い立ち

最後に、いま話題のロケットストーブを紹介しよう。1980 年代にアメリカの環境 NGO のディレクター、ラリー・ウィニアルスキー博士が、発展途上国の木質燃料軽減のために開発したという新しい原理の置きカマドだ。アメリカでは商品化もされているようで（http://www.ecozoomstove.com/ 他）、途上国でも今盛んにつくられ、使われている。

その原理

ロケットストーブの原理は、断熱された内部煙突を炎の通り口にすることで、より発熱して炎の勢いが増し、二次燃焼が起きて煙も少ない（内部煙突の高さは直径の２～３倍以上必要）。その炎はまさにロケットの噴射のごとくである。細い枝でも効率よく燃え、完全燃焼に近く灰もほとんど残らない。

その性能のわりにつくるのは簡単で、しかも薪を入れておけば自動的に燃え続け、難しい操作は必要ない。つまり薪火の初心者でも簡単に扱える。それがまた人気を呼んでいる。

ファンシー缶（ペール缶よりやや小型）でつくったロケットストーブ。スギの細割り薪で勢いよく火を噴き出す。作り方は **141 ページ**参照

ロケットストーブをつくる

原理さえわかればレンガや瓦などを組み合わせてもできるし、粘土をこねてつくることも可能だが、一般的なのは廃品のペール缶や一斗缶など金属の缶とストーブのステンレス製の煙突を組み合わせ、中に断熱材として木灰、園芸用のパーライトかバーミキュライトを詰める方法だ。

薪を入れる穴の下側に空気孔を設ける。もしくは薪口を縦につくれば空気孔はいらない。

動画で見た海外の作例を参考に、私もありあわせの材料でつくってみた。約２時間ほどで制作したストーブの燃え方を YouTube に公開したところ、すでに５万件以上ものアクセスが来ている（タイトル「ロケットストーブ作ってみました♪」http://youtube.com/Q356cJFmlQY）。

使い方と注意

ロケットストーブを実際使ってみると次のような長短の特徴がある。

１）焚き口が小さいのであまり太い薪は使えない。
２）だから薪を頻繁に追加する必要がある。
３）炎の微妙な調節はできないので、一気に火力が必要な煮炊きに向く（弱火やトロ火は不可能）。
３）煙は少ないが、まったく出ないわけではないので（鍋も煤ける）、室内で使う際は換気が必要。
４）燃焼効率はよいが、燠炭はほとんど残らないので炭火料理はできない。
５）木の精油分を燃やしきってしまうので、固有の煙の香りは楽しめない（どちらかというと乾いた不快な臭いが出る）。

というわけで機能的には優れているが、ロケットストーブだけでは、薪火をいろいろと楽しむ自由度や柔軟性はないので、私はサブ的に使うことが多い。

ロケットストーブの暖房

この炉のままでは暖はとれないが、これにもう一つ金属の覆いを被せて放熱体とし、煙を下から引き出せば、暖房用ストーブをつくることもできる。排気の引きが強いので煙突を横に這わせ、蓄熱材で覆ってベンチにする工夫もある。この放熱部分にはドラム缶を使うのが定番で、欧米ではコブハウス（粘土にワラを混ぜて厚い壁でつくるハンドメイド・ハウス）と組み合わせた楽しい作例が見られる。

しかし、同じものを日本でつくろうとするといろいろ問題が出てくるだろう。日本の夏は雨が多く湿度が高いので、ストーブやこたつは納屋や押し入れに仕舞っておき、風通しのよい空間をつくりたいものなのである。インテリアに空間暖房を組み込んだ場合、無用の長物になる時間が長く、それが風をさえぎり湿気や虫を呼んでしまう。また、湿気のために夏場にドラム缶など金属部の腐食が速く進みそうである（※）。

※金物のストーブやカマドを長保ちさせるコツはできるだけ「毎日使う」ことである。使わないと湿気でサビがくる。とくに煙に含まれる木酢液成分は強酸なので鉄類が腐食しやすい

TPOに合わせた薪火ライフを

囲炉裏は炎が見られて暖かく、様々な調理ができて素晴らしいが、天気のいいときは外で炎を楽しんだり、のんびり調理やお茶をしたくなる。そんなときは三股＆自在カギ＋移動カマドがいい。また、餅米を蒸すときや麺類を茹でるときなど、急ぎで強い火力が欲しいときはロケットストーブが便利だ。

薪の使い方と調理のバリエーションに関しては囲炉裏がもっとも柔軟性がある。なにより調理と暖房が兼用でき、熾炭を用いたバリエーションが楽しい。ロケットストーブでは太い薪は燃やせないが、囲炉裏は細い枝から太い薪までなんでも燃やすことができる。しかし燃やし方にコツがいるし、有害な煙の出るものは燃やせない。移動カマドを外で使うなら紙ゴミくらいは燃やせるし、それで湯を沸かすこともできる。

カマドにはそれぞれ長所短所があるので、実際の暮らしでは様々に使い分けたりコンビで使うのがよい。それがもっとも合理的でローインパクトな暮らしになると思う。

ロケットストーブをつくる

材料

ブリキのファンシー缶
ステンレス煙突90°曲管（径10㎝）
ステンレス板（煙突直部と薪受け用）
引き戸用レール（ゴトクにする）

①ふたの耳を切り取って煙突の通る穴を開け、中ぶたをつくる

②缶本体の下部に煙突の通る穴を空ける

煙突上部の処理

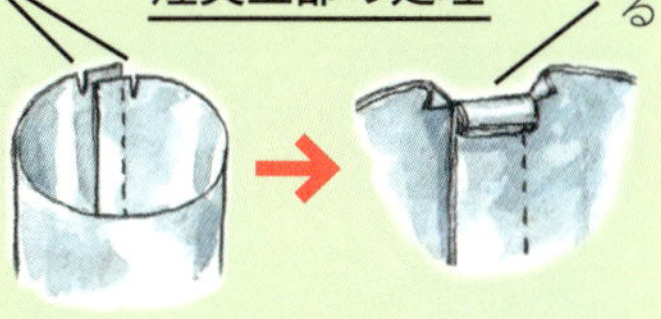
切れ目を入れる
折る

針金
③曲管にステンレス板を巻き針金で止め、燃焼部をつくる

④燃焼部を本体に挿入する。天端は本体より少し低め

⑤断熱材を入れる（今回は木灰）

ふたを被せる
鋏で切れ目を入れる
二重に折る
ゴトク
⑥ふたを被せ、レールをカットしてゴトクを、ステンレス板で薪台をつくる

⑦薪台を差し込む。下のスペースが空気孔になる

2/3
1/3
薪の挿入口と空気孔の高さ比は２：１

▶しばらくするとロケットのような音と炎が……

ウチワや火吹き竹は必要ないが薪を奥に入れる作業は必要

レールを２本渡してゴトクとする。薪は細めに割っておく

使い方

台にのせると操作しやすい

焚き付け

廃油を染ませた紙などを用意しておくと便利

あとがき

合板の中のネオニコチノイド

古民家を借りて自分の手で改装しようとするとき、かならずぶつかるのが廃材の処理である。普通の木の廃材なら薪にすればいいが、過去に改修の手が入っていれば、合板の廃材が大量に出る。合板は長年のうちに小口から湿気を吸い続け、接着剤のために大きな面から湿気を吐き出せずブヨブヨになる。これらは接着剤やカビの臭いが酷く、とても燃やせるシロモノではない。また、昭和後期〜平成初期に建設・改装された住宅の土台部分には、極めて毒性の強い「CCA 処理木材」(76 ページ参照) が使われたものがあり、無垢の木でも燃やすのは危険である。

合板の接着剤に入るホルムアルデヒドは有名だが、現在ではさらに様々な防虫剤が混入されている。あるいは別口で塗布されるものもあり、それが木材や合板の表面に付着している（主にシロアリ防除・防カビのため)。その中にはあのハチが消えた原因ともいわれる悪名高いネオニコチノイド系のものも含まれる。

それらの薬剤を認定している（社）日本木材保存協会のホームページを見ると「『木材保存』とは、木材を長持ちさせることです。これによって貴重な森林資源を守り、ひいては森林を守ることになるのです。木材保存は、かけがえのない地球環境を守ることにもつながっています」とある。

しかし材を使い回すことができない、燃料として燃やせないということが、本当に「木材保存と地球環境を守る」ことになるのだろうか？

アメリカから来た梱包材

アメリカから日本に輸入されたジェットボートの梱包材を、薪にするのに貰ったことがある。業者には産業廃棄物扱いで、燃やすのにお金がかかるのだそうだ。釘を抜きながら観察してみると、材は北米 SPF 材を骨組に、板や一部合板も使っている。

輸入材には「臭化メチル（メチルブロマイド)」という 殺虫・殺菌剤が燻蒸されているので囲炉裏薪には使えない。外で燃やすロケットストーブの薪にした。

SPF 材というのはスプルース (トウヒ属)、パイン (マツ属)、ファー (モミ属) の頭文字で、その混成林で生育する樹をいう。その北米大陸は、かつて白人が侵略する前は広大な原生林で覆われた森の大陸であった。

SPF 材の断面を観察すると、人工林の木には見られない驚くほど目の詰まった年輪のものがある。おそらくそれはまだ残る原生林の大木で、トコロテンを切るように製材加工され、それをボイラーで乾燥し、さらに劇薬で燻蒸して、ここ日本に梱包材として送り込まれたわけである。

そして廃棄で燃やされるところ、私がさらってきたというわけだ。年輪にはバイソンが悠々と生きていた時代が刻まれているのかもしれない。

「放射能」という新手の厄介

煙や灰の成分の中には人体に有害なものも含まれているが、人類は太古の昔から火を使い続けるうちに自然界の成分については耐性をつけてきたと考えられる。近代化学によって新たな有害物質を生み出したが、それを燃やしたとき人間には嗅覚というセンサーがついているので「不快な臭いの煙は危険だ」と直感できる。たとえばよく乾いた薪の煙は香ばしい匂いを放つが、化学物質の含まれた紙ゴミは不快な臭いと感じる。

ところが、私たちの時代に「放射能」という厄介なものが登場し、とくに 3.11 福島原発事故以後それが顕在化することとなった。

薪に付着・吸収された放射能は燃えても臭いがない。汚染薪を燃やすことは煙突から再び放射能を拡散させ、残った灰の中には放射性物質が濃縮する。チェルノブイリでは暖炉や薪ストーブは「小さな原子炉」とまで言われたのだから、灰を炉床として室内で煙を上げる囲炉裏などは危険きわまりないということになる。事実、福島や宮城、北関東、長野の薪ストーブ灰から高濃度のセシウムが検出されており、環境省では薪ストーブ等の灰について「安全性が確認された場合を除き、庭や畑にまいたりせず、市町村等が一般廃棄物として収集し、処分を行う」「灰の放射性セシウム濃度8,000Bq/kgを超える場合は放射性物質汚染対処特措法第18条の規定による指定廃棄物として扱う」としている（環廃対発第120119001号）。

囲炉裏の使用中に舞い上がってた灰を吸ったとしても、その量はごく微量と思われるが、それでもやはり汚染地域での薪火の連続使用はお勧めできない。低線量の被曝に関しては今のところ「微量の放射能はむしろ身体に有益な刺激をもたらす」という説から、「どんな微量の放射能でも、必ず何らかのダメージを与える」という説まで、情報は錯綜しているが、チェルノブイリの例では低線量放射能の影響は5~10年以上の潜伏期間を経て重い病状が現れたり、次世代の子供にも健康被害が出ている。地域の汚染度を調べるには薪火で気化しやすいセシウムを指標に、汚染マップ（文部科学省「放射線量分布マップ・拡大サイト」（http://ramap.jaea.go.jp/map/））等を参照されたい。

微生物による浄化の世紀

3.11であの膨大な瓦礫を見せつけられ、その焼却処理を各地に分散することが、そして焼却灰の処分が問題になっている。放射能の有無はもとより、便利さを求めて近代化学が生み出した様々な有害物質が、先送りしていた問題が噴出するかのように私たちの目の前に現れた。これが江戸時代なら、瓦礫は燃やすことはでき、土に還り、または再生して使い回すことができる物質ばかりだった。

エコロジカルな社会変革を目指そうにも次々に現れる新手の化学物質、それに放射能と、行く手を阻まれる。山に逃げても放射能は容赦がない。もう希望はないのだろうか？　いや、浄化の手だてはある。新しい世紀の扉を開く技術がある、と私は考えている。

いま都市も田舎も浄化しきれない化学物質を含んだ汚水を川に捨て、焼却灰は地面に埋めたりコンクリート化して公共工事に使ったりしている。あるいはゴミ埋め立て地に埋土し、植林・緑地化することが美談のように語られている。このような手法は後世に必ず禍根を残すことになる。新しい技術でこれらを浄化していかねばならない。それには微生物が鍵、これからは微生物が主役の世紀になる。微生物は放射性物質すら浄化する力を持っている。この事実は現代科学では認められていないが実証実験はすでに行なわれている。

この本を、私は現代の山林事情をふまえながら、木を燃やす文化の最上のテキストを残す気持ちで書いた。戦後、GHQ（連合軍総司令部）の強力な後押しによる「生活改善運動」が、旧カマドや囲炉裏を駆逐していった。このときの事前調査による農家の新しいカマドに対する要求の中に興味深い解答がある。「燃える火が見えるもの」（新カマドは鉄ぶたをするので炎が見えない）「採暖兼用のもの」「燠や灰が多くとれるもの」「安価で耐久力のあるもの」とあるのだ（小泉和子『昭和　台所なつかし図鑑』平凡社1998）。なんのことはない、これらは「炎の囲炉裏」がすでに具現していたものではないか。

当時は大変な燃料不足で、どんな粗末な薪でも、乾燥が至らず煙る薪（落ち葉さえ貴重な燃料だった）でも燃やさねばならなかった。しかし今の私たちには乱伐から蘇った森と、放置された里山と、膨大な人工林がすぐ目の前にある。2011年には紀伊半島で、2012年には九州北部で大規模な土砂崩壊があったが、その映像に大量の倒壊人工林が見られた。あの木々たちは、使われることなく焼却場へ回されてしまったのだろうか？

再生可能エネルギーもけっこうだが、電化製品に囲まれた暮らしを続ける前に、自然の火と対話する時間をもう一度持ってみてはどうか。それを活かす技術にシフトしてみてはどうか。薪が燃やせなくなる日が来る前に。

2013年1月　高松にて　大内正伸

〔著者紹介〕
大内正伸（おおうち・まさのぶ）

1959年茨城県生まれ。イラストレーター・著作家。1996年より人工林・里山の取材に入り、森林・林業技術に関する本を著す。2004年より群馬県で山暮らし・田舎暮らしを実践、各地で講演・個展・紙芝居＆音楽ライブ等を行なう。著書、林業関係に『鋸谷式　新・間伐マニュアル』（全林協 2002）、『図解　これならできる山づくり』（2003／共著）『図解　山を育てる道づくり』（2008）『「植えない」森づくり』（2011 以上、農文協）。山暮らしの本に『山で暮らす愉しみと基本の技術』（農文協 2009）他。現在、香川県高松市在住。
●ホームページ http://www.shizuku.or.tv

囲炉裏と薪火暮らしの本

2013年 3 月15日　第1刷発行
2023年 7 月 5 日　第4刷発行

著　者　大内 正伸
発行所　一般社団法人　農山漁村文化協会
〒335-0022 埼玉県戸田市上戸田 2-2-2
電話　048(233)9351(営業)　048(233)9355(編集)
FAX　048(299)2812　振替 00120-3-144478
URL　https://www.ruralnet.or.jp/

ISBN978-4-540-12162-3　DTP制作／Tortoise＋Lotus studio
〈検印廃止〉　印刷／(株)光陽メディア

製本／根本製本(株)

定価はカバーに表示。乱丁・落丁本はお取り替えいたします。